医学美容技术专业双元育人教材系列

人体美学分析与设计

主　编　曹　晨　鲍海萍
副主编　杨加峰　王　珮　施文文
编　委（按姓氏拼音排序）

鲍海萍（宁波珈禾整形专科医院有限公司）　　沈　桥（皖北卫生职业技术学院）
曹　晨（宁波卫生职业技术学院）　　　　　　施文文（宁波首望文化传播有限公司）
陈　超（宁波首望文化传播有限公司）　　　　宋佩杉（皖北卫生职业技术学院）
崔蓉英（宁波甬江职业高级中学）　　　　　　孙雪芳（杭州市创意艺术学校）
韩　超（浙江中医药大学附属第二医院）　　　田欣平（云南特殊教育职业学院）
李凌霄（宁波卫生职业技术学院）　　　　　　王　珮（重庆城市管理职业学院）
孟子皿（宁波美愈心理咨询有限公司）　　　　王祉润（丽水学院）
彭展展（江苏卫生健康职业学院）　　　　　　夏雪敏（江苏开放大学）
彭章松（南方医科大学南方医院）　　　　　　杨加峰（宁波卫生职业技术学院）
乔　敏（四川护理职业学院）　　　　　　　　章　益（宁波卫生职业技术学院）

复旦大学出版社

内容提要

本教材面向医学美容技术、美容美体艺术以及人物形象设计等相关专业，聚焦医学、美学与艺术设计交叉领域融合型人才培养的核心难点与现实痛点，力求在学理念与方法层面实现突破，并重构"医学客观标准+艺术设计多元视角"的综合评价体系与实操路径。

教材采用模块化结构，设有三大模块："内在气质美的建构"关注心理健康、社会角色与个性审美需求，奠定设计深层基础；"外在形式美的表达"聚焦人体结构与形态，系统讲解由局部至整体的设计路径；"多元职业情境的应用"强调所学知识在不同岗位场景中的实践运用，全面提升学习者的职业素养。

教材在呈现方式上，融合AR增强现实与三维建模技术，搭配高清示意图、案例分析及工具使用演示，打造"图文、视频与AR交互"多模态学习场景。学习者可通过移动设备扫描二维码，直观获取动态结构模型，提升认知效率与实践素养。本教材既适用于院校医学美容技术及相关专业的系统教学，也可作为医学美容行业的培训教材。

序

党的二十大要求统筹职业教育、高等教育、继续教育协同创新,推进职普融通、产教融合、科教融汇,优化职业教育类型定位。新修订的《中华人民共和国职业教育法》(简称"新职教法")于 2022 年 5 月 1 日起施行,首次以法律形式确定了职业教育是与普通教育具有同等重要地位的教育类型。从"层次"到"类型"的重大突破,为职业教育的发展指明了道路和方向,标志着职业教育进入新的发展阶段。

近年来,我国职业教育一直致力于完善职业教育和培训体系,深化产教融合、校企合作,党中央、国务院先后出台了《国家职业教育改革实施方案》(简称"职教 20 条")、《中国教育现代化 2035》《关于加快推进教育现代化实施方案(2018—2022 年)》等引领职业教育发展的纲领性文件,持续推进基于产教深度融合、校企合作人才培养模式下的教师、教材、教法"三教"改革,这是贯彻落实党和政府职业教育方针的重要举措,是进一步推动职业教育发展、全面提升人才培养质量的基础。

随着智能制造技术的快速发展,大数据、云计算、物联网的应用越来越广泛,原来的知识体系需要变革。如何实现职业教育教材内容和形式的创新,以适应职业教育转型升级的需要,是一个值得研究的重要问题。"职教 20 条"提出校企双元开发国家规划教材,倡导使用新型活页式、工作手册式教材并配套开发信息化资源。"新职教法"第三十一条规定:"国家鼓励行业组织、企业等参与职业教育专业教材开发,将新技术、新工艺、新理念纳入职业学校教材,并可以通过活页式教材等多种方式进行动态更新。"

校企合作编写教材,坚持立德树人为根本任务,以校企双元育人、基于工作的学习为基本思路,培养德技双馨、知行合一,具有工匠精神的技术技能人才为目标。将课程思政的教育理念与岗位职业道德规范要求相结合,专业工作岗位(群)的岗位标准与国家职业标准相结合,发挥校企"双元"合作优势,将真实工作任务的关键技能点及工匠精神,以"工程经验""易错点"等形式在教材中再现。

校企合作开发的教材与传统教材相比,具有以下三个特征。

1. 对接标准。基于课程标准合作编写和开发符合生产实际和行业最新趋势的教材,而这些课程标准有机对接了岗位标准。岗位标准是基于专业岗位群的职业能力分析,从专业能力和职业素养两个维度,分析岗位能力应具备的知识、素质、技能、态度及方法,形成职业能力点,从而构成专业的岗位标准。再将工作领域的岗位标准与教育标准融合,转化为教材编写使用的课程标准,教材内容结构突破了传统教材的篇章结构,突出了学生能力培养。

2. 任务驱动。教材以专业(群)主要岗位的工作过程为主线,以典型工作任务驱动知识和技能的学习,让学生在"做中学",在"会做"的同时,用心领悟"为什么做",应具备"哪些职业素养",教材结构和内容符合技术技能人才培养的基本要求,也体现了基于工作的学习。

3. 多元受众。不断改革创新，促进岗位成才。教材由企业有丰富实践经验的技术专家和职业院校具备双师素质、教学经验丰富的一线专业教师共同编写。教材内容体现理论知识与实际应用相结合，衔接各专业"1+X"证书内容，引入职业资格技能等级考核标准、岗位评价标准及综合职业能力评价标准，形成立体多元的教学评价标准。既能满足学历教育需求，也能满足职业培训需求。教材可供职业院校教师教学、行业企业员工培训、岗位技能认证培训等多元使用。

校企双元育人系列教材的开发对于当前职业教育"三教"改革具有重要意义。它不仅是校企双元育人人才培养模式改革成果的重要形式之一，更是对职业教育现实需求的重要回应。作为校企双元育人探索所形成的这些教材，其开发路径与方法能为相关专业提供借鉴，起到抛砖引玉的作用。

博士，教授

前　言

在新时代的浪潮中,我们正处于追求高质量发展、强调人民健康福祉的关键时期。"健康与美丽"已成为当代社会广泛关注的焦点,其内涵不仅涵盖身心健康的整体优化,更深层次地映照出人们对高品质生活的殷切向往。为回应这一时代呼声,《人体美学分析与设计》教材应运而生,旨在为医学美容、美容美体相关专业的师生以及美业从业者、爱好者提供系统化的人体美学理论体系与实践的工具,助力其专业能力提升与职业发展进阶。

本教材旨在落实"立德树人根本任务"为指导,秉持"思政引领、德技并修、学生中心、能力本位"的教学理念,充分挖掘课程中蕴含的思政教育元素,将职业素养与专业知识和专业技能有机融合,树立学习者"服务美业""建设美业"的职业精神。

本教材基于最新的医学美学研究,整合多学科交叉创新理念,构建内外兼修的人体美学知识体系,帮助学习者精通人体美学分析与设计的理论知识与实践技能。本教材在结构上采用模块化设计,将全书分为三大核心模块:内在气质美的建构、外在形式美的表达以及多元职业情境的应用。"内在气质美的建构"模块着重引导学习者进行身体意象的自我认知与积极建构,通过科学方法,助力其从心理层面重塑积极健康的体象状态,为后续的美学设计奠定坚实基础。"外在形式美的表达"模块聚焦于头面部、躯干及四肢的美学分析与设计,强调标准化与个性化的有机结合,以满足不同群体的多元美学需求。"多元职业情境的应用"模块通过深度剖析实际案例,强化学习者在不同岗位中的应用能力与实践水平,使其能更好地适应真实工作环境。各模块下设若干单元以及任务,循序渐进地引导学习者深入理解、熟练应用并创新人体美学的设计方法。

本教材在编写过程中得到了教育部职业院校中国特色学徒制教学指导委员会的悉心指导,宁波珈禾整形专科医院有限公司、复旦大学出版社等单位的大力支持以及浙江省高校重大人文社科攻关项目"数智医学美容的伦理审思:技术、资本与个体权力的动态互构"的科研支撑。至此,谨向所有给予帮助和支持的单位和团队致以诚挚的谢意。

编　者

目　录

模块一　内在气质美的建构

单元一　身体意象认知与塑造 ······ 1-1

　　任务一　身体意象自我认知 ······ 1-2
　　任务二　消极身体意象识别 ······ 1-8
　　任务三　正向身体意象培养 ······ 1-15

单元二　个性特质与形象风格系统 ······ 2-1

　　任务一　个性形象风格评估 ······ 2-2
　　任务二　整体风格系统定位 ······ 2-11

模块二　外在形式美的表达

单元三　人体美学标准及法则 ······ 3-1

　　任务一　人体美学与影响因素分析 ······ 3-2
　　任务二　人体美学与设计法则应用 ······ 3-12
　　任务三　人体美学相关设计工具使用 ······ 3-20

单元四　头面部美学分析与设计 ······ 4-1

　　任务一　面部轮廓美学分析与设计 ······ 4-2
　　任务二　眼部美学分析与设计 ······ 4-13
　　任务三　鼻部美学分析与设计 ······ 4-24
　　任务四　唇部美学分析与设计 ······ 4-37

单元五　躯干及四肢美学分析与设计 ……5-1

任务一　颈部美学分析与设计 …… 5-2
任务二　乳房美学分析与设计 …… 5-13
任务三　躯干美学分析与设计 …… 5-27
任务四　四肢美学分析与设计 …… 5-49

模块三　多元职业情境的应用

单元六　医美咨询岗位的应用 …… 6-1

单元七　人物形象设计岗位的应用 …… 7-1

参考文献 …… 1

附录

课程标准 …… 1

模块一

内在气质美的建构

单元一　身体意象认知与塑造

本单元聚焦气质美在人体美学设计中的核心价值,通过科学认知身体意象的生理-心理交互机制,培养美学设计师塑造气质美的专业意识与实践能力。课程内容涵盖自我意象的感知与评估方法、消极身体意象的识别及其积极转化策略。

学习目标紧扣职业能力标准,旨在帮助从业者深化对气质美本质的认知,系统掌握身体意象评估工具与积极干预方法的应用能力。通过课程研习,引导从业者在专业技术服务中践行健康审美价值观,促进个体审美需求与社会健康理念的有机统一,为美业构建科学化、人文化的实践范式。

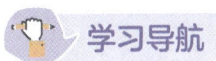 学习导航

```
                                          ┌─ 身体意象的概述
                        身体意象自我认知 ──┼─ 身体意象的影响因素
                                          └─ 身体意象自我认知的方法论

                                          ┌─ 消极身体意象的概念
                                          ├─ 消极身体意象的表现特征
身体意象认知与塑造 ──── 消极身体意象识别 ──┼─ 消极身体意象的类型
                                          ├─ 消极身体意象的成因
                                          └─ 消极身体意象识别与评估的方法论

                                          ┌─ 正向身体意象的概述
                        正向身体意象培养 ──┼─ 正向身体意象的积极因素
                                          └─ 正向身体意象培养的方法论
```

任务一　身体意象自我认知

学习目标

1. 了解身体意象的概念、熟悉其影响因素并掌握身体意象自我认知的实施途径。
2. 能够运用身体意象自我认知的方法论,进行身体意象认知实施,提升健康人文实践能力。
3. 塑造气质美的价值观,树立人文关怀的社会责任感。

情景导入

张女士(图1-1-1),25岁,自幼在母亲经营的美容院耳濡目染,对美有着独特的理解与热情。大学毕业后,她凭借敏锐的时尚洞察力迅速在社交媒体崭露头角,成为广受欢迎的时尚博主。然而,随着粉丝的增加,她对外貌的期望也愈发苛刻。为了维持"完美形象",张女士频繁借助医美手段,试图消除内心的焦虑。尽管手术带来短暂的满足,她的不安却从未消散,反而陷入对外在的强迫性追求中,她开始质疑:一味追求外在的完美,真的能换来内心的宁静吗?

图1-1-1　求美者张女士

任务分析

在本任务中,我们将从美学设计服务的实际需求出发,深入探讨身体意象在塑造健康心理美和整体幸福感中的关键存在。

身体意象不仅关系到个体自尊和社交互动,也直接影响美学设计师在为求美者提供咨询与指导时的专业效果。通过系统学习如何识别与解读各种心理和社会因素,美学设计师将能够帮助像张女士这样的求美者科学、客观地评估自我外观感知,促进更积极的内在美和幸福感。

具体教学活动包括:学习身体意象的相关知识,探索影响个人感知的心理和社会因素,以及在实践中如何科学、客观地评估身体意象。

通过学习任务,美学设计师将掌握在工作岗位中辅助求美者调整心理体象、提升自信与生活品质的专业技能,同时培养关怀与尊重个体差异的气质美价值观。

一、身体意象的概述

身体意象(body image)这一概念是 1935 年由保尔·谢尔德(Paul Schilder)在其著作《人体的意象与外貌》(*The Image and Appearance of the Human Body*)中首次提出来的。谢尔德将身体意象定义为个体心目中对自己身体的描绘,即个体怎么看待自己的身体外形。他认为身体意象是个人头脑中对自己整个身体所形成的心理形象,包含了身体知觉和身体观念。作为心理学与社会学的交叉研究领域,其理论建构经历了多学科视角的融合。谢尔德在研究中认为,身体意象是一个重要且完整的心理现象,是个人心理所呈现的关于自己的身体影像,它由神经系统、心理层面和社会层面通过互动而形成,是一种调适和动态的过程。

身体意象还包括个人如何看待自己的身体形态、尺寸、比例及特征,以及这些外观特征引发的情感和思维反应。身体意象是一个多维概念,涵盖了对身体的认知评价、情感体验及随之产生的行为倾向。

身体意象可以是积极、中性或消极的,并会随着时间、社会环境和个人经历的变化而波动。例如,在张女士的案例中,她起初对自己的外貌持积极态度,但在社交媒体的长期影响和外界审美压力下,逐渐对身体意象产生了消极认知,最终频繁选择医美手段以迎合社会的美学期望。

深入理解身体意象的不同维度,有助于分析外部社会评价如何塑造个体的自我感知。通过这种分析,我们可以探索改善个体身体意象的方法,比如教育与心理支持可以帮助人们建立更加积极的身体意象,从而减轻社会审美标准对个人自尊及行为选择的负面影响。张女士的案例显示,身体意象的变化不仅影响她的情绪和行为,还进一步影响她的人际关系和职业发展。这强调了培养积极身体意象的重要性,以及提供必要的支持资源,帮助个体抵御负面社会影响的需求。

知识拓展

社交支持、心理健康教育和自我接纳训练,有助于重塑个体心理体象,提升自尊,减少对外界审美标准的过度依赖。

二、身体意象的影响因素

（一）人际互动因素

个人经历在塑造心理体象中扮演了至关重要的角色。从童年的成长环境到成年后的社交经历，这些个人经历共同构成了一个人对自己身体的感知和评价。例如，如果一个人在成长过程中经常接受到正面的关于身体形象的肯定，他们可能会发展出更加积极的身体意象。相反，频繁遭遇负面评价或身体形象羞辱的人可能会形成消极的身体意象。

以求美者张女士为例，她从小生长在一个注重外观的家庭环境中，她的母亲是一名美容师，这让她从小就对美有了特别的认知和追求。这种环境在她的成长初期为她的身体意象奠定了积极的基础，使她对自己的外貌持有较高的评价和自信。然而，随着她成为公众人物，在社交媒体上对美的极端追求和持续的外界压力开始逐渐影响她的自我认知，导致她对自身的外表产生了不断变化的看法和感受。

（二）社会文化因素

每个社会都通过其文化体系建构独特的审美认知框架。中国传统文化中，《礼记》强调"修身"与"养性"的辩证关系，《庄子》主张"自然之道"的审美取向，二者共同形成"形神兼备"的审美传统。这种文化基因将身体形象与道德修养深度绑定，如《论语》提出的"文质彬彬"标准，强调内在德性需通过得体仪态自然外显。然而，全球化的今天，审美标准的传播呈现显著的文化差异。研究表明，跨国资本通过时尚产业（如服装尺码标准化）、社交媒体、AI算法等技术载体，系统输出西方中心主义的审美范式。这种文化渗透导致传统"天人合一"的身体观逐渐转向"身体资本"概念，不少群体中因此产生"外貌焦虑"与"形体认知偏差"等典型现象。

例如，张女士作为一位时尚博主，置身于以社交媒体为轴心的全球化美学语境之中，其容貌认知在很大程度上受到西方"颜值即正义"的深刻影响。在此逻辑框架下，外貌被赋予了超越其自然属性的象征意义，不仅被视为个人魅力的核心标识，更被视作社会成功的关键要素之一。然而，这种专注于对标准化外貌"美"的不懈追求。这一过程导致张女士身体意象发生扭曲，并深陷容貌焦虑的困境之中，难以自拔。

这种由资本驱动的审美异化过程，导致个体对外在形象的过度关注，忽视了内在修养与多样性，强化了狭隘的审美标准。

（三）媒体传播因素

社交媒体已成为影响身体意象的关键因素之一。研究表明，社交媒体使用强度与身体满意度呈显著负相关，这种关联在18~25岁女性群体中尤为突出。以时尚从业者群体为例，其对外貌的自我评价更多受到自媒体平台审美范式的影响，这种现象被学者定义为"媒介化身体认知"。在这种互联网社交环境中，个体不断接触经过精心设计和修饰的形象，这些形象通常设定了不切实际的美学标准。用户因此容易陷入自我比较，导致对自身外表的不满,并可能发展出消极的身体意象。

张女士作为一名时尚博主,她深受粉丝和关注者的影响。最初,她通过社交媒体展示时尚品位和创意,获得积极反馈和广泛认可。然而,随着时间推移,持续的网络互动和对极致美的追求使她逐渐过度关注外表。她开始对每一张照片的完美度感到焦虑,担忧不符合理想形象的公开展示,最终引发对自身外观的强烈不满与不安感。

三、身体意象自我认知的方法论

身体意象的认知不仅是对自我的探索,更是服务求美者的重要技能。以下方法从实践性和可操作性的角度,针对初学者或岗位操作人员设计,帮助他们在实际工作中兼顾自身发展与职业应用,提升服务能力。

(一)情感共鸣与求美者身体意象感知

1. 目标

通过观察与沟通,理解求美者张女士的身体意象状态,建立信任和情感连接。

2. 方法论

观察与记录:注意求美者张女士的语言、表情和肢体动作,记录关键点,比如对特定身体部位的评价或求美者张女士对自我外貌的描述。

共情对话:使用开放式问题(如"您对自己的形象最满意或最困惑的地方是什么?"),让求美者张女士表达内心想法并建立信任。

3. 实践建议

在初次接触求美者张女士时,先进行非正式交流,避免让她感到评判或压力。

将观察到的情绪信号记录下来,用于制订个性化服务方案。

(二)体象感知与求美者需求评估

1. 目标

帮助求美者张女士理解其身体意象对外貌期望的影响,为个性化服务方案奠定基础。

2. 方法论

视觉与心理感知评估:通过镜像对比练习,引导求美者张女士观察自身真实外貌与身体意象感知的差异,比如通过静态(镜中形象)和动态(视频回放)的方式观察。

需求分析工具:设计简单问卷,帮助求美者张女士梳理其对外貌改善的目标,如对身材、面部或气质特征的具体需求。

3. 实践建议

引导求美者张女士记录自己的视觉感知,并通过对比练习,逐步识别主观感知的偏差。

在服务前填写评估问卷,结合观察和沟通,明确求美者张女士实际需求。

(三)非评判性反馈与引导

1. 目标

通过非评判性交流,帮助求美者张女士建立对身体意象的接纳与理解。

2. 方法论

正念式语言引导:避免使用"好"或"坏"等评价性词语,而是专注于描述性的语言,如"这部分让您感到困惑,可以通过调整实现自然和谐"。

具体化正念练习：在求美者张女士提出不满的体象时，引导其通过正念观察练习关注该部位的真实状态，而非简单的情绪化评价。

3. 实践建议

针对求美者张女士的反馈，使用描述性语言进行回应，如："这部分曲线很有特点，您觉得这样的形象是否符合您的整体期望"。

在沟通中引导求美者张女士接受多样化的审美观念，避免过度关注单一标准。

注意事项

1. 避免评价和批判：在整个过程中，个体应专注于感知和觉察自己的身体，而避免对其进行任何积极或消极的评价。关键在于接受身体的现状，培养一种中立的观察态度。

2. 尊重个体差异：每个人的身体意象和反应都会有所不同，因此在实施过程中应尊重个体的独特体验，避免强行要求对外貌或体象的统一标准。

3. 关注情绪波动：在感知体象时，个体可能经历情绪波动，这时应引导他们温和地觉察这些情绪的产生，而非压抑或放大情感。引导个体用正念的方法去接受情绪的变化。

任务实施

身体意象的自我认知评估的关键步骤如图1-1-2所示。

图1-1-2　身体意象认知实施步骤

1. 实训准备

准备必要工具，包括身体意象评估工具（如身体意象问卷）、观察工具（如镜子或视频设备）、记录工具（如记录表、电子设备）及反馈工具（如求美者交流模板）。确保环境安静舒适，便于求美者张女士专注参与。

2. 初步观察

美学设计师通过非正式交流和目测，初步了解张女士的身体意象状态，重点关注其语言表达、情绪反应及肢体表现，识别其对自我形象的主要关注点或困扰。

3. 知情沟通

在进行深入分析或练习前，向张女士详细解释每一步的实施内容和目标（如镜像观察、感知记录），确保其充分理解并同意参与。建立信任，减轻张女士的心理负担。

4. 引导张女士依次进行具体的感知练习

（1）镜像对比：使用镜子观察自身外貌，通过指导关注身体的整体与细节，帮助张女士识别主观感知与实际外貌的差异。

（2）正念观察：通过正念引导语，鼓励张女士专注于身体感知的当前状态，避免对外貌产生情绪化评价。

（3）感知日记：在练习后，记录对身体各部分的感知和变化，以追踪身体意象认知的动态变化。

5. 数据记录与分析

根据张女士在被服务过程中的表现与反馈，将其主要关注点和感知记录在标准化表格中。分析这些记录，初步总结其身体意象的核心特点及影响因素（如情绪、社交媒体影响）。

6. 反馈总结

美学设计师依据分析结果，与张女士沟通心理体象认知练习的观察与结论。结合具体案例或方法，提出促进身体意象改善的建议（如练习频率、家庭练习方式），并明确后续服务方向。

任务评价

本次任务的评价采用多元化评估体系，结合过程性评价与终结性评价（表1-1-1）。过程性评价通过考察美学设计师在实践过程中的参与度与理解深度；终结性评价则通过反思报告与项目展示，评估美学设计师对身体意象感知与认知的掌握水平。该评估体系旨在全面衡量美学设计师的理论知识与实践能力，促进其自我认知与心理健康的提升，并为未来职业实践中应用身体意象理论提供支持。通过系统性评估，确保教学目标的达成，进而提升美学设计师在实际工作环境中的人文健康实践能力，具有重要的教育价值与现实意义。

表1-1-1 身体意象认知评估评价表

序号	评价内容	评价要点	分值	自评	导师评价	备注
1	实训准备与环境布置	是否准备了完整评估工具（问卷、镜子、记录表等）；评估空间是否安静私密；是否为求美者营造舒适、可信赖的氛围	15			
2	初步观察与交流能力	是否能通过非正式对话捕捉求美者的情绪与身体表达；是否准确识别求美者的主要外貌困扰及关注焦点；是否能尊重性地引导对话	15			
3	引导与练习实施能力	是否清晰讲解每一步操作目标；是否准确引导镜像对比、正念观察与感知日记练习；是否在过程中给予积极反馈与适时调整引导方法	30			
4	数据记录与分析能力	是否按标准表格记录观察内容与求美者反馈；是否能够从情绪、文化等维度分析身体意象形成的深层因素；分析是否具有逻辑性与敏感度	20			

（续表）

序号	评价内容	评价要点	分值	自评	导师评价	备注
5	反馈沟通与建议制定	是否能结合观察结果提供个性化建议；反馈内容是否具体、具有可操作性；是否建立了持续服务计划与沟通机制	20			
	合　计		100			

  延展思考

反思社交媒体如何正面或负面地影响你对身体的感知，并思考采取哪些措施减少其消极影响，同时增强其积极作用。

（曹晨）

任务二　消极身体意象识别

1. 了解消极身体意象的概念，熟悉其特征、类型及成因，掌握识别消极身体意象的方法。
2. 能够运用识别消极身体意象的方法论，有效提升对求美者心理需求的洞察力与身体意象改善的支持能力。
3. 关注消极身体意象对个体自信与心理健康的影响，倡导健康的自我认知，推动心理美与身体美的和谐发展。

苏小姐（图1-2-1），30岁，是一名企业高管。她在职场上表现出色，但一直在个人形象上缺乏自信。苏小姐从青少年时期就对自己的身体形象感到不满意，特别是对自己的体重和身材比例。最近，苏小姐被公司选中参加一场重要的行业会议。这让她感到极度紧张，因为她担心自己的外观会影响人们对她专业能力的看法。为了解决这个困扰，苏小姐决定求助于美学设计师林先生。

图1-2-1　求美者苏小姐

任务分析

本任务基于美学设计服务的实际需求,聚焦识别和理解消极身体意象的特征、类型及成因。通过苏小姐的案例,探讨消极身体意象如何影响个人自尊、自信和社交互动,强调改善消极身体意象对内在气质美和心理美的重要性。内容涵盖消极身体意象的基本概念、识别方法及其背后的心理机制,包括自我观察、自我报告分析,以及社会比较、不切实际的美学标准等负面因素的分析。

学习任务旨在培养美学设计师运用识别消极身体意象的方法,提升对求美者心理需求的洞察力和支持能力,从而为提供高质量的美学服务奠定坚实基础。同时,通过情景模拟和案例分析,增强美学设计师尊重个体差异与内在价值的意识,提升在健康审美教育中的人文关怀能力。

通过本任务的学习,美学设计师将掌握辅助求美者识别与改善消极身体意象的专业技能,帮助提升其自尊和幸福感,并培养关怀与尊重个体差异的健康人文价值观,增强其作为美学设计师的综合素质和职业竞争力。

相关知识

一、消极身体意象的概念

(一) 定义

消极身体意象(Negative Body Image)是指个体基于主观认知偏差和社会文化影响,对自身身体外观形成的系统性负面心理表征。它不仅包括对身体形态的不满,还涉及因外表引发的负面情绪和自我评价。这种感知通常与实际身体状态存在差距,可能被夸大或曲解,例如对体重、身材比例或面部特征的不满,即使这些感知与他人观点或客观事实不符。该概念包含三个核心维度。

认知维度:包括对身体形态和比例的扭曲感知(如放大局部缺陷)及非理性评价(如将体型与自我价值挂钩)。

情感维度:伴随身体审视产生的持续性羞耻、焦虑或厌恶情绪。

社会文化维度:内化主流审美标准(如"以瘦为美")导致的自我贬低,反映社会规范对身体意象的影响(图1-2-2)。

在苏小姐的例子中,她对自己的体重和身材比例感到不满意,即使她的朋友和同事都称赞她的才华和职业成就。苏小姐的消极身体意象使她在公共场合,尤其是在需要穿着正式服装的商务活动中感到不安。

图1-2-2 体象障碍示意图

> **知识链接**
>
> 消极身体意象不仅是个人对自身外观的消极感知,还深刻影响着个人的自我形象和自尊。了解和改善消极身体意象对于提升个人的整体心理健康和生活质量至关重要。

二、消极身体意象的表现特征

过分关注身体缺陷 即使这些部分在他人眼中看起来很正常,个人还是会对自己身体的某些部分过度关注,如体重、身材比例、面部特征等。这种关注往往伴随着夸大自身缺陷的倾向。

对身体外貌的消极描述 个人对自己的外观持有负面看法,可能会用"丑陋""不吸引人"等词语来描述自己。这种消极评价不局限于外貌,也可能扩展到整个身体形象,从而影响个人的自我感知和自尊。苏小姐就是如此,对自己的职业形象感到不满,尤其是在公众前。

回避镜子和照片 在社交活动中,因为担心他人对自己外观的评价,一部分人可能会感到尴尬或不自在。这种感觉可能导致个人回避社交场合,影响个人的社交生活和人际关系。

社交活动中的不自在 在社交活动中,个人可能会因为担心他人对自己外观的评价而感到尴尬或不自在。例如,苏小姐总是小心翼翼,担心别人会注意到她认为的"缺点"。

不合理的比较和自我批评 个人常常将自己与他人比较,尤其是与那些被认为有"理想身材"的人比较,从而感到自卑。这种比较通常伴随着严厉的自我批评,加深了对自己身体意象的消极认知。例如,苏小姐在公司的大型会议上,总是担心自己的外表与其他行业领袖相比显得不够专业。

> **温馨提醒**
>
> 长期的消极身体意象可能导致个人产生身体形象焦虑,即对自己的外貌过分担忧,这可能进一步导致不健康美学价值观的形成。理解和识别这些特征,是帮助个体克服消极身体意象的第一步。专业的形象咨询和适当的设计策略,可以有效地改善消极身体意象,从而提升个人的形象美学认知和生活质量。

三、消极身体意象的类型

(一)体象蔑视

体象蔑视涉及一个人对自己身体的一部分或全部的持续负面评价,这通常会导致个体显著的心理压力和自尊问题。人们可能会因为自己的体重、体型、皮肤状况、发型或其他任何外观特征而感到羞耻或不满。这种持续的自我否定不仅降低了个体的生活质量,还可能导致回避社交活动,从而进一步加剧孤独感和抑郁情绪。改变体象蔑视通常需要综合心理治疗和行为干预,帮助个体重建对自己身体的健康态度和自我接纳。

(二) 体象变形

身体意象变形是消极身体意象的一种典型表现形式。求美者往往会将身体的某一部分(如手臂、大腿或整体身形)在心理上进行过度变形,使其与现实情况产生巨大偏差(参见体象变形AR,请扫二维码和图片)。这种现象类似于物理学中的"畸变"现象。例如,人们站在哈哈镜前,镜子里会出现自己变形的面孔或形体。在认识自我形象和确立体象的过程中,人们也会受到类似哈哈镜的外界因素(如媒体)以及复杂内心活动的影响。正是这些因素的综合作用,人们有时会臆想出一个扭曲的自我体象。我们可以将这种现象称作哈哈镜效应。

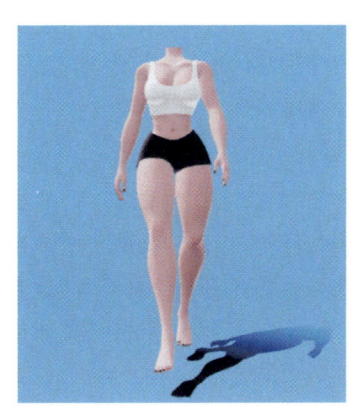

体象变形AR

(三) 体象障碍

体象障碍是一种更广泛的术语,它涵盖了由于对自身外观的不满引起的各种心理障碍。无论在国内还是在国外,体象障碍已经被明确地作为一个独立的病症来对待,并被命名为"畸形恐惧"和"体象畸形症"。这种病症的诊断和治疗涉及心理学、精神病学以及美容医学等多个领域。患有体象障碍的个体可能会因为对自己身体形象的不满而产生极度的焦虑和痛苦,这种焦虑和痛苦可能会严重影响他们的日常生活和社交活动。研究表明,体象障碍患者常常对求美服务抱有不切实际的期望,且求美之后满意度较低。因此,对于体象障碍的治疗,需要综合考虑心理治疗、精神治疗以及美容医学治疗等多种方式。

(四) 体象畸形症

体象畸形症是指当个体的客观身体外表无明显缺陷或仅存在轻微缺陷时,个体却能够想象出自身的缺陷或将轻微的缺陷并夸大,从而产生痛苦的一种心理病症。作为心理、精神疾患的体象障碍或体象畸形症患者,常常会寻求美容医学的治疗手段,然而,若单纯采用手术方法进行治疗,其效果往往不尽如人意。研究表明,此类患者中绝大多数人都有至少一次或多次寻求美容医学治疗的经历,部分求美者在生活中与美容医生频繁交往。与美容医生不断地交往成为他们生活中的重要部分。

四、消极身体意象的成因

消极身体意象的成因是多方面的,涉及个人心理、社会文化以及生物学因素的综合影响。这些因素相互作用,共同影响个人的身体感知和心理状态。以下是一些主要的成因,其中包括苏小姐可能面临的挑战。

(一) 生物学因素

遗传因素可能对个体的身体自我感知产生影响。例如,与情绪调节或心理健康相关的遗传特质,可能使个体更容易发展出消极的体象。神经化学因素,如神经递质水平的不平衡,也会影响情绪和自我感知,进而影响体象认知。

(二) 心理因素

自尊和身体满意度:低自尊和对身体的不满意感会增加消极体象的风险。这种不满可能源于童年经历,如家庭对体重和外貌的过度关注。

心理健康问题:抑郁症、焦虑症等心理健康问题可加剧个体对自身外貌的负面感受。

(三) 社会文化因素

媒体和社会标准:现代媒体推崇理想化、通常不现实的美的标准。长期暴露于这种环境中,个体可能因无法达到这些标准而自我价值感降低。

社交媒体的影响:社交媒体上频繁展示经过修饰的形象和生活方式,容易导致不切实际的比较,从而增加消极体象的风险。

文化与社会背景:不同文化对美的定义和社会对某些身体类型的接受度各异,这些差异也会影响个体的体象认知。

● 注意事项

温馨提醒:了解消极身体意象的成因对于制订有效的干预和治疗策略至关重要。综合考虑这些因素,可以更全面地理解和应对消极身体意象,帮助个人建立更健康的身体形象感知和自尊。

五、消极身体意象识别与评估的方法论

在人体美学设计相关职业领域,提升美学设计师识别和应对消极身体意象的能力,是提高服务质量的关键。为达成这一目标,本任务设计了一系列实践性强的任务实施方案,通过系统的技能训练和实际操作,帮助美学设计师增强专业技能和心理敏感性。

(一) 多维身体形象分析法

1. 过程与方法

技能训练:美学设计师设计和使用多维度问卷,评估体型、面部特征、皮肤等方面的满意度。

2. 实训环节

问卷设计:美学设计师根据苏小姐的案例制定具体问题,确保涵盖各个身体部位及其对自尊和社交的影响。

数据收集:模拟发放问卷,美学设计师能够在平台上有效收集和管理数据。

数据分析:美学设计师使用统计工具分析问卷结果,识别关键问题和趋势。

(二)绘画心理投射评估法

1. 过程与方法

技能训练:美学设计师使用绘画作为心理投射工具,表达和探索苏小姐身体形象的内在感知。

2. 实训环节

活动准备:创建支持性环境,提供绘画材料,确保苏小姐在无压力的情况下自由表达。

绘画指导:苏小姐根据指引(如选择图形、色彩)进行自我表达,反映其心理状态。

作品分享与分析:组织展示绘画作品,进行集体讨论,识别共性与个体差异。

(三)消极身体意象影响因素分析法

1. 过程与方法

技能训练:系统分析苏小姐影响心理体象的内外部因素,包括个人经历和社会文化标准。

2. 实训环节

案例研究:分组分析苏小姐的案例,识别影响其身体意象感知的关键因素。

因素分类:美学设计师将影响因素分类,如社会比较、不切实际的美学标准等,并讨论其具体表现。

解决策略:美学设计师制定应对不同影响因素的策略,提升支持苏小姐的能力。

● 注意事项

尊重隐私:保护个人信息和调研数据,确保隐私在活动中的安全。

情感支持:为求美者提供情感支持和鼓励,特别是在分享敏感体验时。

文化敏感性:考虑到不同文化背景对身体形象的不同看法和标准。

积极引导:确保活动中的讨论和反馈具有建设性,避免任何形式的负面评价或标签化。

个体差异:认识到每个求美者的体验和感受都是独特的,避免一概而论。

安全环境:创造一个安全、开放的学习环境,使求美者在分享和讨论时感到舒适。

任务实施

消极身体意象识别实施步骤如图1-2-3所示。

1. 准备与规划

目标设定与评估工具准备:明确识别目标,准备多维度问卷、绘画心理投射材料等评估工具。

环境布置与心理引导:创造支持性环境,引导求美者进入放松的状态,为评估活动创造最佳氛围。

2. 多维身体形象评估

数据收集与问卷设计:通过定制化问卷,收集求美者对自身身体特征的满意度和自我评价。

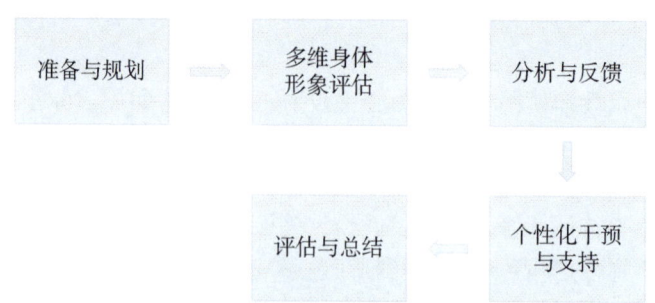

图1-2-3 消极身体意象识别实施步骤

绘画心理投射评估:鼓励求美者通过绘画表达对身体意象的感知,从而捕捉潜在的心理冲突与情感。

3. 分析与反馈

数据分析与综合评估:结合问卷与绘画结果,分析求美者的身体意象问题及影响因素。

反馈与讨论:与求美者分享初步分析结果,引导其认识到影响其身体形象的内外部因素。

4. 个性化干预与支持

定制干预策略:为求美者量身定制干预策略,帮助其改善消极身体意象。

持续跟踪与支持:提供长期的心理支持与干预,帮助求美者逐步改善身体形象认知。

5. 评估与总结

结果评估与反馈:评估干预效果,并与求美者共同总结改进进程,提出未来发展的建议。

自我反思与改进:美学设计师反思整个过程,总结经验,以提高服务质量和心理敏感性。

 任务评价

识别消极身体意象是提升美业服务质量的关键,尤其在社交媒体影响下,个体对身体形象的扭曲认知越来越普遍。本任务评估美学设计师对消极身体意象的识别能力,重点关注身体形象的过度批评、社交焦虑等表现,以及其背后的社会文化因素和不切实际的美学标准。

评价方法强调美学设计师的同理心与批判性思维,特别是在面对求美者的心理挑战时的反应与应对方法。同时,美学设计师深入理解不同文化对美的定义如何影响个体的心理感知,提升其在多元背景下的专业敏感性。此任务旨在培养美学设计师的识别和支持能力,提高服务质量,增强职业素养和人文关怀(表1-2-1)。

表1-2-1 消极身体意象识别评估评价表

序号	评价内容	评价要点	分值	自评	导师评价	备注
1	任务准备与评估工具使用	明确识别目标、准备恰当工具;评估工具是否科学、符合多维度标准;环境布置是否合理,能否促进心理放松	15			

(续表)

序号	评价内容	评 价 要 点	分值	自评	导师评价	备注
2	评估过程的专业性与敏感度	是否能专业引导求美者完成问卷及绘画任务;是否体现对细微情绪和表达的敏锐洞察力;评估过程是否尊重求美者体验	15			
3	数据分析与问题识别能力	能否结合多种数据进行综合分析;是否准确识别身体意象问题及其内外部成因;反馈表达是否清晰且具有建设性	30			
4	个性化干预策略设计能力	干预方案是否具体、个性化且具有可行性;是否体现心理调适与审美设计的融合;后续支持计划是否有连贯性与可持续性	20			
5	专业反思与服务提升意识	是否能基于过程进行自我反思;提出的服务优化建议是否具有实际价值;是否展现心理敏感性与专业成长意识	20			
	合　计		100			

 延展思考

如何通过非语言表达(如肢体语言)识别消极身体意象?除了通过问卷与绘画,是否还有其他方式(如肢体语言、面部表情)可以辅助美学设计师识别求美者的消极身体意象?

(曹晨)

任务三　正向身体意象培养

 学习目标

1. 了解正向身体意象的概念,熟悉其积极因素并掌握培养正向身体意象的途径。
2. 掌握培养正向身体意象的策略,增强支持求美者改善身体意象的能力,并为后续提供符合气质美标准的服务方案奠定基础。
3. 培养多元化的审美意识,树立积极向上的体象美学理念,推动气质美的价值观塑造。

情景导入

杨小姐是一位充满活力的年轻时尚模特(图1-3-1),她总能抓住时尚前沿的审美。在工作中,她不仅追求创新,还努力在每次走秀时能展现出个性。但她注意到,虽然她的外在形象备受好评,但却在穿着某些服装时表现出了缺乏自信。这一情况逐渐让杨小姐意识到,仅有外在的美丽是不够的,内在的自信和独特的气质同样重要。决定改变这一状况的杨小姐,寻求一位经验丰富的美学设计师给予指导。

图1-3-1 求美者杨小姐

任务分析

本任务聚焦于正向身体意象的培养,旨在帮助美学设计师深入理解正向身体意象在塑造健康心理美与提升幸福感中的重要作用,并掌握相关实用技能。在实际工作中,美学设计师需要关注身体意象对个体自尊、自信及社交互动的深远影响,特别是在协助求美者建立科学的自我认知与积极心态时尤为重要。通过学习,美学设计师将能够全面了解正向身体意象的核心概念及其影响因素,包括个人感知、情感态度和社会文化的多重影响;掌握分析正向身体意象相关积极因素的能力;熟悉促进自我接纳、身体感激和外貌自尊的有效方法,并结合案例实践提升评估与设计的综合应用能力。

通过本任务的学习,美学设计师将掌握协助求美者建立正向身体意象的专业技能,培养关怀个体差异的健康人文价值观,为职业服务中的求美者心理支持与美学设计提供科学依据。

相关知识

一、正向身体意象的概述

正向身体意象是指个体对自身身体特征及整体形象的积极认知、接纳和欣赏。它不仅包括对外貌的正面评价,还涉及对身体功能、个性特质及社会价值的肯定,是一种综合性的心理和情感状态。正向身体意象的塑造是提升个体自尊、促进心理健康的重要因素之一。

(一) 定义与范围

正向身体意象的核心在于个体能够从内心认可自身的身体形象,超越社会审美标准的限制,感受到自身独特性与价值的存在。这一概念涵盖几个方面如表1-3-1所示。

表1-3-1 正向身体意象的定义

方面	定 义	关键要素	案例/说明
外貌认知	对自己身体外在特征的理解与接纳	正确认识身体各部分、避免过度关注缺陷、欣赏自身美丽	理解自己的皮肤、发型、身材特点,并感到自信

(续表)

方面	定义	关键要素	案例/说明
功能认同	关注身体的功能性与健康性,而非单一的外貌评价	强调身体健康、功能性活动能力、日常生活的便利性	重视身体的灵活性和力量,如能够进行运动和日常活动
情感态度	对自己身体形象的积极感受与情绪体验	积极情绪、减少负面情绪、自我关爱	感到满意和自豪,不因外貌问题感到沮丧或焦虑
社会价值	个体对自身身体形象在社会互动中的角色和意义的认同	社会角色的自我认同、他人反馈的正向影响、社会支持	在社交场合中感到自信,接受他人的赞美和支持

(二) 正向身体意象的意义

正向身体意象不仅影响个体的外在表现,还能增强个体内在自信和情绪稳定性。例如,杨小姐虽然认可自身外在形象,但在穿着风格方面感到不自信。这种内外矛盾不仅影响求美者的心理状态,也限制了其对美的全面体验。

(三) 塑造正向身体意象的必要性

心理疏导、形象优化和社会支持,能够帮助个体重塑身体意象具有重要价值。它能够:
(1) 提升个体的自尊与自信,改善心理健康状况。
(2) 引导个体从多维度看待自己,避免过于关注外表不足。
(3) 鼓励个体挖掘自身独特性,打破固化审美标准的束缚。

正向身体意象的塑造不只是单一的外貌改善,而是内外结合、心理与行为互动的综合过程。它从外表的接纳延伸到个体的情感体验和社会认同,帮助个体在身心层面都感受到真正的自我价值。这种心理状态不仅让人更加自信,也为健康、积极的生活方式奠定了基础。

二、正向身体意象的积极因素

正向心理体象的形成是多方面积极因素共同作用的结果。这些因素可以分为内在心理维度、外在环境支持以及行为实践方式三大类,它们共同推动个体对身体形象的接纳与欣赏。

(一) 内在心理维度

1. 自尊与自我接纳

自尊是正向身体意象的重要基础。当个体能够全面接纳自身优点与不足,对自己的外貌、身体特征以及内在价值持有积极态度时,更容易形成正向身体意象。

2. 健康的自我认知

客观而全面的自我认知,能够让个体超越单一外貌标准,将身体特质与个性价值综合看待,进而建立更深层次的自信感。例如,在美学设计师的帮助下,杨小姐理解自身独特性,增强了自我形象的认同。

3. 心理韧性

面对社会审美压力或外界评价时,具备心理韧性的人能够更好地抵御消极影响,维持对自身形象的正面评价。

（二）外在环境支持

1. 积极的社会关系

积极的家庭、朋友及社交圈是塑造正向身体意象的重要外在力量。他们的鼓励和接纳有助于个体认可自身价值，增强心理安全感。

2. 多元化的审美文化

社会审美文化越多元，个体越容易从中找到与自身特质相契合的美感表达方式。例如，美学设计师通过融入多样化设计风格，帮助杨小姐更好地展现个性，打破了单一审美标准的束缚。

3. 教育与引导

健康教育、心理疏导和形象管理课程能够为个体提供正向的审美和心理知识，从而提升其对身体特质的接纳与认同。

（三）行为实践方式

1. 形象管理与技能提升

通过合理的服饰搭配、身体锻炼和健康管理，个体能够从外在形象上增强自信，感受到自身的美感和力量。例如，美学设计师通过服装搭配引导杨小姐发现自己独特的魅力。

2. 身心健康管理

健康的生活方式包括饮食、睡眠、运动等，都能为个体的身体状态提供积极支持，使其形成对身体更正向的评价。

3. 正念练习

正念训练有助于个体集中注意力，专注于身体的功能和感受，而非过于关注外表的不足。同时，正念练习能够引导个体欣赏身体为其带来的积极价值。

总的来说，正向身体意象的形成往往是多种积极因素交织作用的结果。内在心理维度提供了坚实的基础，外在环境支持赋予了信任和认可，行为实践方式则为正向身体意象的塑造提供了路径和方法。杨小姐在心理引导、形象优化和审美多样化的共同作用下，不仅增强了对自身形象的认同，也体验到了美的力量在内外统一中的真正价值。通过这些积极因素的推动，个体能够更全面地欣赏自我、接纳自我，从而实现内外在形象与心理的和谐统一，奠定健康、幸福生活的基石。

> **知识链接**
>
> 在当今社会，客观容貌与正向身体意象的关系不仅是个人形象的重要组成部分，也是社会交往、职业发展和心理健康的重要因素。从社会生态理论的角度来看，客观容貌与正向身体意象的关系是由个人、家庭、社区和社会等多层次因素共同影响和塑造的。

三、正向身体意象培养的方法论

正向身体意象的培养需要从认知、情感、行为和社会环境等多方面入手，美学设计师通过系统的、有针对性地干预,帮助杨小姐逐渐建立对自身身体形象的积极态度与接纳感。以下几种方法在实践中被广泛应用,并在塑造正向身体意象方面具有显著成效。

(一) 语言认知重塑法

1. 识别与纠正错误信念

(1) 操作环节。

准备阶段:美学设计师准备一份"负面认知日志",引导杨小姐把最近因外貌或身体特点产生的负面想法记录下来。

分析阶段:帮助杨小姐分析这些想法的来源、依据及影响;可设置团体讨论或个别谈话环节,鼓励坦诚分享。

纠正阶段:美学设计师引入客观事实和科学审美观念,逐条辩驳和修正不合理的负面认知,为每条错误信念找一个替代性的正向观点。

(2) 技能要点。

思维导图法:运用思维导图,将外貌焦虑、社交紧张等与身体形象认知相关的负面想法进行分类梳理,逐步找到修正点。

角色扮演:通过角色互换或情景模拟,让杨小姐体验在不同视角下对"自我形象"的态度,为纠正错误信念提供多元的思考路径。

反馈记录:建立持续追踪机制,在后续美学服务中,督促杨小姐回顾和改进自己的认知,直到形成较为稳定的正面自我评价。

2. 自我肯定与积极暗示

(1) 操作环节。

肯定语句:美学设计师设计针对身体特征或个人能力的肯定语句,如"我的微笑能给人带来温暖""我有一双灵巧的手,能够完成很多创意工作"。

每日宣读与记录:鼓励杨小姐在起床或临睡前,面对镜子或以书面形式宣读肯定语句,配合情景想象,激发积极情绪。

监测与强化:美学设计师定期让杨小姐回顾在使用肯定语句时的心理变化,并给予适度肯定和表扬,强化练习效果。

(2) 技能要点。

自我对话练习:在团体辅导或个人美学服务时,模拟生活情境,让杨小姐大声或在内心重复积极肯定语句,以巩固暗示效果。

情感日记:引导杨小姐记录自己使用肯定语句后的情绪状态变化,学会觉察情绪波动并进行积极调适。

情境卡片:制作"肯定卡片",在出现"自我怀疑"或"负面想法"时,迅速取出并阅读,强化自我接纳意识。

(二) 非语言艺术疗法

1. 视觉艺术拼贴画

(1) 操作环节。

材料准备:为杨小姐与其他求美者提供杂志、报刊、彩纸、剪刀、胶水等;鼓励求美者使用个人照片、绘画作品等自带材料。

创作环节:指导杨小姐与其他求美者从中挑选与自我身体形象相关的文字、符号、图像进行剪贴组合。可设置主题,如"我最喜欢的身体部位""展现我的色彩风格"等。

展示与分享:创作完成后,安排作品分享环节,鼓励杨小姐与其他求美者阐述作品所蕴含的自我认知与情感体验。

(2)技能要点。

隐喻教学:引导杨小姐与其他求美者用隐喻或象征的方式来表达自己对身体形象的感受,如用盛开的花朵象征自信,用撕裂的线条代表自我冲突等。

团体互动:可将杨小姐拼贴作品与其他求美者的放在一起,组装成集体大画板,形成一个"共同身体意象地图",在碰撞和融合中发现彼此间的相似与差异,增强归属感。

积极反馈:引导大家对他人的作品给予正向且具体的反馈,学习彼此的创意与独特性,避免相互比较和批评。

2. 个人物品的立体构成

(1)操作环节。

物品甄选:指导杨小姐在家中或寝室挑选对自己最具意义的物品,如纪念品、兴趣用品、个人饰物等。

构成设计:在美学设计工作坊环境中,将这些物品进行重新组合、布展,尝试不同的摆放方式、背景衬托与灯光搭配,以打造一个"自我生活场景"的艺术化呈现(图1-3-2)。

图1-3-2 "自我生活场景"的作品

过程反思:通过作品讨论或自我陈述的方式,让杨小姐回顾每件物品背后的故事,并思考这些物品如何象征其身份、价值观与身体自我认同。

(2)技能要点。

空间布局练习:结合基础的设计或美学原理,引导杨小姐如何通过空间层次、颜色搭配来突出核心物品,表达个人审美及身体形象。

故事化呈现:鼓励杨小姐讲述物品来源经历,以情感化或故事化的方式来诠释作品,增强对自我形象的记忆与理解。

可持续改进:鼓励杨小姐尝试在日常生活中持续调整、更新该立体构成作品,让它随着个人成长和审美变化而不断演进,巩固自我认知。

3. 生活元素的抽象与重组

(1) 操作环节。

元素收集：让杨小姐罗列生活中与个人身体或审美紧密相关的关键元素，如颜色（喜欢的主色调）、图案（爱用的饰品花纹）、材质（喜欢的布料或材料）等。

抽象表达：利用线条、符号或色块，将这些元素进行概念化处理，尝试创造性地拼接或重构在绘画作品与立体作品上。

再创意设计：将重组后的视觉元素运用到日常服饰、装饰品或生活场景中，并在实践后进行反馈和改进（图1-3-3）。

(2) 技能要点。

元素解读技巧：教授如何将具体物理元素转化为抽象符号，让杨小姐更好地表达内心需求与自我风格。

创意思维训练：可在活动中加入定向思考或发散思维训练，引导杨小姐突破常规审美边界，尝试不同的色彩、图案组合。

个人风格塑造：帮助杨小姐将抽象元素应用在穿搭、饰物、空间布置等生活细节里，并开展同侪互评或导师点评，巩固"自我风格"识别能力（图1-3-4）。

图1-3-3　视觉艺术拼贴作品

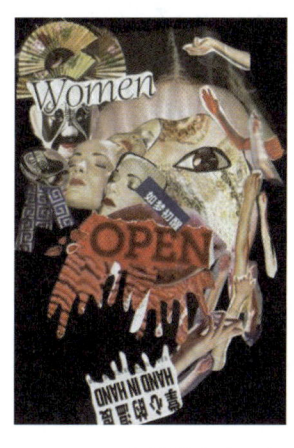
图1-3-4　生活元素的抽象作品与重组作品

（三）社会与环境支持

1. 积极的社会互动

(1) 操作环节。

人际交往训练：在课程或工作坊中，通过小组游戏、情景演练等方式，引导杨小姐在互动中学会表达自己的喜好和审美观点。

互助小组设置：为有相似困扰或共同兴趣的求美者组建互助小组，定期开展讨论、分享正向经验，减少他们对自身外貌或身体特征的焦虑感。

监督与鼓励：持续跟进杨小姐的人际沟通情况，在适当时机给予表扬和建议，帮助他们在社交场合更自如地展示个性。

(2) 技能要点。

反馈：引导杨小姐在互动中对彼此的形象提升或艺术作品进行真诚而积极的评价，学会相互尊重与鼓励。

自信表达练习：可设置角色扮演场景，让杨小姐尝试在不同场合勇敢地介绍自己的审美偏好，增强自信沟通的能力。

社交技巧辅导：在"自我介绍""开放性问答"等具体环节教授技巧，促使杨小姐在日常人际交往中建立更健康、更积极的形象认知。

2. 多元化审美与文化氛围

（1）操作环节。

实地观摩与交流：带领杨小姐参观画展、文化艺术活动等，让她亲身体验各种风格形象的魅力和价值。

作品创作与展示：鼓励杨小姐根据自己最感兴趣的艺术或文化形式进行创作，并在班级、工作坊或线上平台进行展示与交流。

（2）技能要点。

跨文化比较：指导杨小姐检视不同地区、不同群体对于身体形象的包容度，学会客观评价自我与他人。

反思批评性思维：在多元化的环境中，强化对单一审美标准的质疑，引领杨小姐形成更全面、更成熟的美学观点。

跨界合作：与音乐、舞蹈、摄影等不同专业或社团合作，融合多种艺术形式，让杨小姐有更多机会尝试不同类型的形象和表达。

注意事项

1. 保持开放和诚实的态度：在实训练习中，尽量诚实地表达自己的感受和想法。这些活动的价值在于真实地反映自己的体验，所以开放和诚实对于获取有意义的洞见至关重要。

2. 尊重和倾听：在小组讨论或任何形式的互动中，认真倾听他人的观点并给予尊重。每个人的体验都是独特的，通过分享和交流，求美者可以获得更广泛的视角并学习到他人的处理方式。

3. 保护个人和他人的隐私：在进行问卷调查和讨论个人体验时，你的信息应被妥善处理。同样地，对于他人分享的敏感信息也应保持保密，尊重每个人的隐私权。

任务实施

以下是正向身体意象培养实施步骤（图1-3-5）。

1. 实训准备

（1）环境布置：实训场地需为安静且采光佳的室内空间，便于开展艺术创作、讨论与练习。场地要满足美学设计师分组或独立活动需求，同时利于集体分享。此外，需配备展示板或台面，用于陈列和观察艺术作品。

（2）工具与材料。

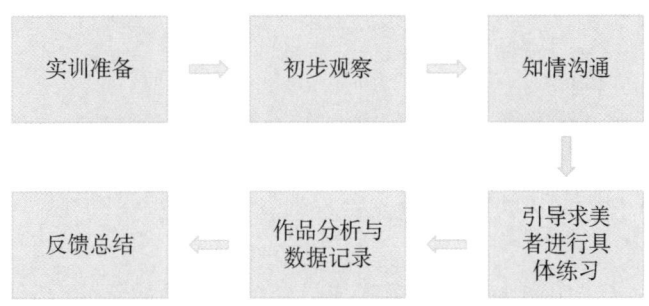

图1-3-5 正向身体意象培养学习步骤

语言认知重塑法所需:正向/负向思维记录表;宣读用肯定语句清单。

非语言艺术疗法所需:拼贴画材料(杂志、彩纸、剪刀、胶水等);个人物品立体构成材料(参与者自带的纪念品、饰物等);纸张、笔、颜料或其他绘画工具。

2. 初步观察

(1)简要访谈/交流:通过轻松闲聊或目标导向式提问,了解杨小姐对于自身外貌、身体特征的关注重点、情绪体验及可能的困扰;观察其语言中是否存在明显的自我贬低、绝对化思维、与实际情况不符的认知偏差。

(2)情境观摩:若条件允许,可让杨小姐短时间内在镜子前或通过其他方式(如简单拍照)观察自己,从中捕捉其表情、动作与情绪反应。

3. 知情沟通

(1)目标说明:明确告诉杨小姐本次活动(或训练)的目的:通过系统的干预方法,引导杨小姐改变认知与情感,逐步建立更健康、更积极的身体意象。

(2)方法及流程介绍:依次解释"语言认知重塑法""非语言艺术疗法"及"社会与环境支持"的主要内容和操作方式,让杨小姐对后续服务环节有清晰认识。

(3)积极动机引导:以案例或简单故事的形式,让杨小姐体会到改变自我认知、接纳自身外貌的可能性与益处,激发他们的积极参与度。

4. 引导求美者进行具体练习

(1)语言认知重塑练习。

自我认知记录:发放"自我观念记录表",让杨小姐先写下关于自身身体形象的典型想法,并标注这些想法带来的情绪波动程度。

思维纠偏练习:指导他们从记录表中挑选1~2条具有强烈消极情绪的想法,运用认知重塑的原则,如"事实检验""对比思考""积极替换"等方法,帮助杨小姐找到更客观、正向的表述。

肯定语句训练:让杨小姐从自身特点出发,编写2~3条肯定语句(如"我对时尚色彩有敏锐的感知""我乐于展现笑容,为周围带来温暖"),每日宣读并记录情绪变化。

(2)非语言艺术疗法练习。

① 视觉艺术拼贴画

引导:让杨小姐运用杂志剪贴、个人照片、绘制图案等方式,制作拼贴画来呈现她对自己身体形象的理解和期望。

创作与分享：创作完成后，引导她进行简短的自我表达，描述作品中的"冲突点"与"闪光点"，并记录感受。

② 个人物品的立体构成

物品挑选：要求杨小姐事先准备能代表自身经历、情感或外貌特点的物品，并带到活动现场。

立体组合：在指定空间内，将这些物品进行创意摆放或组合，形成一个象征"自我形象"或"生活方式"的艺术品。

讲述与思考：让杨小姐向小组或求美者成员介绍该作品的意义，其他人则给予正向的、具体的反馈，激发他们的自我接纳意识。

③ 生活元素的抽象与重组

要素提炼：让杨小姐思考自己日常偏好的颜色、图案、材质等，并记录在纸上。

抽象创作：运用绘画或拼贴方式，把这些要素重新组合成一幅抽象画；有条件时，可让杨小姐尝试把这些图案应用在小型饰品或服饰的设计中。

再次呈现：讨论环节里，引导他们反思此过程对个人审美观、身体自我认同的影响。

5. 作品分析与数据记录

（1）过程记录：在整个过程中，使用观察或谈话记录表记录杨小姐的行为表现（如创作时的情绪状态）与语言表述（如对身体形象的主观评价）。

（2）作品分析：观察杨小姐在拼贴画、立体构成等艺术作品中的主题表达方式，分析其在自我认知和情绪体验上的主要转变。

（3）量表与访谈：结合适用的心理体象量表或访谈提纲，在阶段性或活动结束后，对杨小姐的进步情况进行量化和质性评估，形成初步的个案报告。

6. 反馈总结

（1）个体反馈：针对杨小姐的变化特征，呈现前后对比，让他们看到自身成长或改善的具体证据，增强信心。

（2）指导建议：根据分析结果，为杨小姐提供个性化的发展方向，有以下三个方面。

语言认知重塑：继续开展肯定语句训练，或在日常对话中多运用积极自我评价。

艺术创作持续：定期更新或再创作新的拼贴、绘画作品，将艺术治疗融入日常生活。

社会支持巩固：每周或每月参与互助小组、线上分享，让他人关注和支持他们的身体自我接纳进程。

（3）后续跟进：根据需求制订下一阶段的具体计划，并安排后续的美学设计服务，如形象风格系统的评估与定位。

本任务评价依据知识目标与能力目标，采用多元化评估体系进行过程性与终结性考核。过程性评价注重美学设计师在任务实施中的表现（表1-3-2），包括对正向身体意象概念的理解、积极因素的分析以及培养途径的熟练应用，主要通过感知记录、课堂互动和创意实践作品进行观察。总结性评价则结合反思报告、案例分析或方案展示，全面考查美学设计师对正向身体意象培养策略的掌握情况以及运用审美意识和气质美标准支持求美者的能力。

表 1-3-2 正向身体意象评估评价表

序号	评价内容	评 价 要 点	分值	自评	导师评价	备注
1	初步观察与访谈引导能力	是否通过访谈有效识别求美者的认知偏差、情绪反应及其外貌关注重点；是否体现共情与引导技巧	20			
2	语言认知重塑指导效果	能否准确指导求美者完成自我观念记录；是否能引导其理解并应用思维纠偏、正向肯定句训练	20			
3	艺术方式引导与创意激发	是否能引导求美者开展拼贴、立体构成、抽象创作等练习；是否促进其自我表达与象征性重构	20			
4	分享反馈与团体互动促进	是否营造安全、支持性的讨论氛围；是否引导个体进行有意义的分享与接受正向反馈	20			
5	个性化发展建议与后续跟进	是否能基于求美者的表现提供针对性的指导建议	20			
	合　计		100			

延展思考

在算法美颜、身体滤镜与社交媒体广泛应用的今天，我们被怎样的"技术身体意象"所重塑？请谈谈你认为的技术时代中身体"被观看"的方式与"被建构"的方式有何不同？这会带来怎样的美学风险与伦理挑战？

（曹晨、孟子皿）

单元二　个性特质与形象风格系统

　　本单元的核心目标是掌握个性形象风格评估与整体风格系统定位的方法,培养科学、客观分析和定位个体形象风格的能力,并建立标准化的评估与定位流程。学习任务紧密对接实际工作岗位,涵盖评估标准、评估方法、定位策略及相关专业知识与技能。学习目标基于岗位的职业能力要求制定,学习内容源于真实工作场景和实际操作,引导学生以严谨、科学的态度,遵循行业规范,进行个性化形象风格的评估与定位。

　　通过本单元的学习,学生将全面理解内在气质美与个性特质及形象风格系统的关系,掌握专业的形象风格分析与定位方法,能够在实际工作中应用所学知识,提升个人及他人形象,促进自我认知与生活质量的提升。

个性特质与形象风格系统
- 个性形象风格评估
  - 个性形象风格的概述
  - 影响个性风格形成的因素
  - 个性形象类型的风格评估
  - 个性形象风格系统评估方法
- 整体风格系统定位
  - 形象风格系统定位的概述
  - 形象风格系统的决定因素
  - 形象风格系统在不同情境下的定位——TPO原则
  - 形象风格系统的构成要素
  - 形象风格系统定位的方法论

任务一　个性形象风格评估

学习目标

1. 理解个性形象风格的基本概念，熟悉其形成的影响因素，并掌握相应的评估方法。
2. 培养使用科学评估工具进行个性形象风格分析的能力，确保评估过程的准确性与专业性。
3. 遵循以人为本的服务理念，确保评估过程中充分考虑社会文化背景和个体需求。

情景导入

刚入职场的大学生小周（图2-1-1），满怀激情地应聘了一家知名时尚公司的形象设计师职位。小周在面试当天选择了一件过于休闲的T恤和牛仔裤，尽管她身材娇小且比例均匀，但这种随意的穿着未能凸显她的身材优势，也未能传递出专业形象设计师应有的职业素养。此外，小周的肤色偏暖，但她在选择面试服装时并未考虑这一点，导致服装颜色与她的自然色彩基调不协调，这进一步削弱了她的整体形象表现，最终导致了应聘的失败。

小周在面试碰壁后，咨询求助了美学设计师，希望可以获得帮助。

图2-1-1　求美者小周（左一）

任务分析

个性形象风格的评估不仅结合艺术、社会学和心理学等多学科的知识，还通过科学、客观的方法分析个体外观和形象风格如何影响观者的审美判断与心理感受。

以小周的面试为例,展示了职场中,个性形象的评估对于成功的重要性。小周未能正确评估自己的形象风格,导致面试失败。通过该案例,学员将学习如何科学评估服装搭配、发型、化妆及整体仪态等各个元素,确保每个个体的独特需求得到尊重,同时提升评估的准确性和客观性。

本任务的学习将使学员掌握如何使用标准化评估工具,理解个性风格的心理学基础,进而为以后的风格分析与个性化形象评估打下坚实的基础。

一、个性形象风格的概述

"形象"在社会心理学领域中,通常被定义为能够引发他人情感或认知反应的具体外在表现或行为姿态。它不仅是视觉层面的感知,还涵盖个体在社会互动中的整体呈现。"个人风格形象"则进一步指代个体在着装、行为举止及言谈风格等方面所展现的独特特征。这些特征构成了个体在社会环境中的独特标识,既反映了其外在风貌,又深层揭示了其精神气质与个性特质。以小周的面试经历为例,小周不恰当的形象呈现直接影响了面试官对其专业素养和性格特质的判断,这一案例凸显了形象管理在职业发展中的关键作用。

为了全面理解"形象",我们将其构成要素分为三部分。

(一) 外部特征

外部特征涵盖个体的生理外貌,包括头部形状、面部轮廓、五官特征及体型体态等。这些要素直接塑造了他人的第一印象,是形象感知的初始基础。例如,小周在面试时,其随意的着装和未经修饰的发型未能有效传递出专业形象设计师应具备的精致与专注的职业形象。

(二) 内在特征

内在特征涉及个体的心理特质,包括性格倾向、气质类型以及文化素养等。这些特质通过言谈举止间接展现,影响着他人对个体深层品质的认知。在小周的案例中,其面试时的紧张情绪和回答问题的含糊不清,暴露了其在自信心与专业知识储备方面的不足。这提示我们,内在特征的培养与外部形象的呈现相辅相成,共同构成了完整的个人形象。

(三) 社会关系特征

社会关系特征反映了个体在社会网络中所扮演的角色及其承担的责任。社会角色要求个体展现与之匹配的形象风格,以符合社会期望并维护角色一致性。例如,作为一名新晋形象设计师,小周尚未完全领悟并展现出契合其职业身份的形象风格,这在一定程度上削弱了其职业形象的塑造效果。社会关系特征的存在表明,形象不仅是个人选择的产物,更是社会文化和职业规范共同作用的结果。

二、影响个性风格形成的因素

(一) 生理因素

1. 体型与面部特征

个性形象风格的形成首先受到生理因素的深刻影响,其中体型与面部特征是决定外观风格的重要基础。每个人的体型、身高和体重在某种程度上限定了适合的服装款式和轮廓。例如,小周身材娇小且比例均匀,这意味着她在职场中应选择剪裁精致、比例和谐的服装,而不是面试时穿着的休闲T恤和牛仔裤。这种随意的穿着未能凸显她的身材优势,也与她应聘的形象设计师职位的专业形象不符。

此外,面部特征如五官的布局和比例也在很大程度上影响着个人风格的选择。小周的五官线条较为柔和,但她在面试当天选择了一种未加修饰的凌乱发型,未能展现出应有的职业感和美感。事实上,面部线条柔和的人通常更适合自然淡雅的妆容和发型,这有助于塑造一种专业、干练但不失亲和力的形象。如果小周能够选择更符合其面部特征的发型和妆容,她的整体形象可能会更具职业气质。

2. 先天色彩倾向

图2-1-2 个人色彩基调

皮肤、眼睛和头发的颜色构成了个人的自然色彩基调,这对服装和化妆的色彩选择具有直接的影响。例如,小周的肤色偏暖,但她在面试中未能充分考虑这一点,导致她选择的服装颜色显得与肤色不协调。事实上,肤色偏暖的人通常更适合温暖的色调,如金色或橙色,这样的选择可以更好地展现个人气质,与职业形象设计的要求更加吻合(图2-1-2)。

通过小周的案例可以看出,生理因素如体型、面部特征和色彩倾向对个人的形象风格有着深刻的影响。这些因素不仅决定了个人外貌的自然基础,还直接影响了职业形象的塑造。因此,在塑造专业形象时,了解这些生理因素对于成功应对职场挑战至关重要。

(二) 心理因素

1. 性格特征与风格倾向

通常外向的人更喜欢社交活动,他们倾向于选择能够吸引注意力的服装,如鲜艳的颜色和大胆的设计。这种选择不仅反映了他们的社交需求,也表达了他们的性格特质。相反,内向的人可能更偏好低调、舒适的服装,选择柔和或中性的色彩,这样的着装风格可以让他们在社交场合中感到更加安心和自在。

开放性高的个体通常愿意尝试新的风格和潮流,他们的着装风格经常变化,喜欢通过不断的变化来表达自己的个性和情感状态,而保守的个体可能更倾向于传统或经典的着装风格,他们的选择往往更为稳定,偏好在长时间内被认为合适和时尚的款式。

2. 自我认知水平与个性形象风格

个体对自身外在形象的感知与评价,即自我认知,是影响着装选择的重要心理因素。积极的自我认知往往能够赋予个体探索多元化服饰的勇气,并乐于通过服装展现独特的自我。拥有较高自我认知水平的人,可能更愿意尝试新颖的搭配,或选择能够凸显自身特点的服饰,从而丰富和展现其个性风格。

相对而言,对自身外在形象持有保守评价的个体,在着装上可能会更加谨慎。他们可能会倾向于选择经典、不易出错的款式,或通过服装来寻求安全感与舒适度。例如,偏爱宽松服饰或深色调,有时是希望借此调整视觉呈现,获得更自在的心理感受。

刚入职场的大学生小周在应聘形象设计师职位时,由于自我认知不足以及未能充分理解职位需求,选择了不适当的着装,这反映了她对自身形象和职业形象的认知差距。这个例子强调了形象顾问在提供建议时的重要性,只有深入了解求美者的性格特征和自我认知,才能设计出真正符合其个性和需求的形象风格。

(三)环境因素

1. 地理位置

地理环境对个性形象风格有着直接影响。不同地区的气候条件(如温度、湿度、风速等)会影响服装的选择和材料的使用。例如,寒冷地区的居民可能更倾向于选择厚重、保暖的服装,如羊毛衫和羽绒服,而热带地区的居民则更多选择轻薄、透气的材料,如棉和亚麻。此外,高海拔地区的居民可能会更常使用抗 UV 辐射的材料,以保护皮肤免受强烈日照的伤害。

2. 城市与农村环境

居住环境也显著影响个性形象风格。城市居民由于接触更多的时尚元素和多元化的文化氛围,通常有更多机会尝试和采纳国际时尚趋势。相比之下,农村地区的居民可能更多地受到传统服饰文化的影响,着装风格往往更为保守和实用。城市中不同区域的商业发展和文化设施,如艺术画廊、剧院和博物馆,都可能激发居民在服装和个性表达上的创意和实验性。

3. 社区文化和价值观

社区的文化背景和主导价值观对居民的着装风格同样有着深远影响。在强调个性和自我表达的社区中,居民可能更倾向于通过鲜明、独特的服装风格来展示自己的个性。而在更为传统或保守的社区中,居民的服装选择可能会更加低调和统一,以避免突出个体差异。

三、个性形象类型的风格评估

(一)评估的几个因素

个性形象风格由多种因素组成,其分类和评估依据主要涉及以下几个方面。

1. 面部直曲

这一指标评估面部线条的直度与曲度,直面通常给人以刚毅、严肃的印象,曲面则给人以柔和、亲切的感觉(图 2-1-3)。

2. 五官量感

评估五官的大小、突出程度以及与面部其他部分的协调性。五官量感强烈的人脸,特征更为显著,容易给人留下深刻印象。

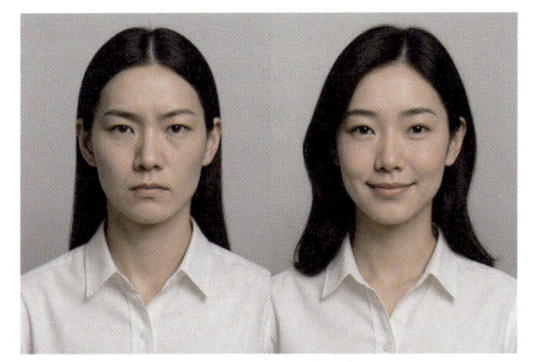

图 2-1-3　面部直曲图

3. 风貌感知

涉及个体整体外观的风格感知,如现代、古典、运动型等,这通常受到服饰、妆容、发型等因素的影响。

4. 精神呈现

关注个体的气质、态度以及他们给他人的整体精神感受。例如,某些人可能展现积极向上的精神面貌,其他人则可能显得沉稳或内敛。

需要注意的是,每个人的形象风格可能是单一类型,也可能是几种类型的混合,有些人可能还在探索中,尚未形成固定的个性风格。系统地评估这些因素,可以帮助人们更好地理解自己的形象风格,或为他人提供风格咨询和设计建议。

(二)九型风格类型

根据这些因素的不同组合,可以形成不同的个性形象风格(图 2-1-4)。在女性形象风格的分类中,常见的类型包括但不限于以下九种。

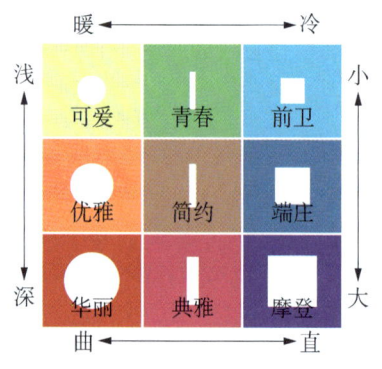

图 2-1-4　风格系统示意图

1. 可爱型风格特点(关联词:甜美、圆润、天真、年轻、曲线型)

(1)面部特征:面部轮廓圆润,脸庞偏小,五官稚气、小巧可爱,小量感。

(2)身材特征:小骨架,身材不高,小巧玲珑。

(3)色彩特征:偏暖、浅色、轻柔的色彩。

(4)整体氛围:可爱型风格总给人以天真无邪、甜美、可爱的印象;性格活泼、开朗。

2. 青春型风格特点(关联词:个性、标新立异、古灵精怪、年轻、偏直线型)

(1)面部特征:面部线条清晰、明朗,五官偏小,个性十足,五官线条比例比较特殊,小量感。

(2)身材特征:骨感、小骨架偏多。

(3)色彩特征:中性、浅色、明亮且轻浅的色彩。

(4)整体氛围:拥有比较有辨识度的五官和小巧而骨感的身材。性格活泼、外向、观念超前。

3. 前卫型风格特点(关联词:帅气、干练、利落、中性、现代、年轻、直线型)

(1)面部特征:面部轮廓分明,五官直线感强、有力度,英气十足,中量感。

(2)身材特征:直线感强,干练、帅气,走路姿态非常飒爽。

(3)色彩特征:偏冷、明快、明亮且轻浅、有韵律感的色彩。

(4)整体氛围:标准俊秀型带有利落、干练、飒爽、模糊性别的感觉,性格直爽、外向、活泼、好动。

4. 优雅型风格特点(关联词:典雅、温柔、精致、知性、女性化、成熟、曲线型)

(1)面部特征:面部轮廓柔美、圆润,五官精致、曲线,面部量感较轻盈,中量感。

(2)身材特征:身材线条形态较为圆润、曲线型,走路姿态非常优雅。

(3)色彩特征:偏暖、柔美,能展现女性氛围的色彩。

(4)整体氛围:给人以温柔典雅的感觉,面部曲线柔和,给人一种优雅的女人味,性格温柔、文静。

5. 简约型风格特点(关联词：随意、亲切、潇洒、成熟、知性、偏直线型)

(1) 面部特征：面部及五官整体呈现直线感，神态随和、轻松、不造作，中量感。
(2) 身材特征：身材线条形态偏直线型，姿态较为随和、不造作。
(3) 色彩特征：中性、柔和、自然、不过于强烈的色彩。
(4) 整体氛围：给人以自然、随和、知性、大方的感觉，具有亲和力。

6. 端庄型风格特点(关联词：正统、精致、高贵、成熟、知性、直线型)

(1) 面部特征：面部线条偏直线型，五官端正、精致，都市女性成熟而高雅的感觉，量感较大。
(2) 身材特征：适中，以直线型为主。
(3) 色彩特征：偏冷、偏理性化的色彩。
(4) 整体氛围：给人端庄、高贵、严谨、传统的整体印象。

7. 华丽型风格特点(关联词：奢美、强烈、精致、浓艳、戏剧性、曲线型)

(1) 面部特征：五官立体、轮廓分明，具有强烈的存在感，眉眼深邃或轮廓线条较为复杂，展现出浓郁的戏剧张力与视觉冲击力。
(2) 身材特征：量感较大，线条丰富，曲线明显，富有张力与表现欲。
(3) 色彩特征：高纯度、高对比度的浓色彩，常见金属色、宝石色或华丽图案。
(4) 整体氛围：整体呈现出奢华、耀眼、引人注目的视觉印象，具强烈的装饰性和戏剧感。

8. 典雅型风格特点(关联词：柔和、平衡、温婉、知性、精致、曲直适中)

(1) 面部特征：五官比例协调，面部线条柔和，轮廓不过于锋利，呈现温婉、从容的气质。
(2) 身材特征：匀称、曲直适中，线条流畅而不过分夸张，整体感舒展。
(3) 色彩特征：中低明度、低纯度的柔和色彩，以大地色系、粉彩系或经典中性色为主。
(4) 整体氛围：整体风格典雅、高级、含蓄，传递出平衡、沉静与温和的知性之美。

9. 摩登型风格特点(关联词：夸张、大气、醒目、存在感强、直线型)

(1) 面部特征：面部轮廓线条分明，存在感强，五官夸张而立体，量感十足(大量感)。
(2) 身材特征：骨感、高大，看起来比实际身高更高。
(3) 色彩特征：偏冷、纯度高，有视觉冲击力的色彩。
(4) 整体氛围：给人总体印象是大气、气场较大，在人群中非常引人注目。

四、个性形象风格系统评估方法

(一) 视觉分析评估法

1. 方法论

视觉分析评估法通过系统化地观察与测量，评估小周的外在特征，以科学、客观的方式分析其形象风格。

2. 任务环节

(1) 外观测量与记录。

体型测量：使用测量工具记录小周的身高、体重、肩宽、腰围等关键体型数据。
面部结构分析：测量脸型、额头宽度、颧骨高低、下巴形状等面部特征。

肤色与色调识别:通过色彩分析工具确定小周的肤色基调(暖色调、冷色调、中性色调)。

(2) 视觉元素评估。

服装搭配分析:评估小周现有服装的剪裁、颜色搭配及风格一致性。

发型与妆容评估:分析发型的整洁度、适合度以及妆容的协调性和专业性。

整体仪态观察:评估小周的站姿、坐姿及行走姿态,识别潜在的形象改进点。

(3) 数据分析与报告。

数据整理:将收集的测量数据和视觉观察结果系统化整理。

评估报告生成:根据分析结果生成详细的形象评估报告,包含优点、需改进的方面及具体建议。

(二) 心理特征分析评估法

1. 方法论

心理特征分析评估法是指通过深入的心理探讨,理解小周的内在心理状态与外在形象之间的关系,以指导形象风格的科学评估。

2. 任务环节

(1) 心理问卷与访谈。

性格测试:使用标准化性格测试(如 MBTI)评估小周的性格类型。

自我认知调查:通过问卷了解小周的自我认知水平、情绪管理能力及自我表达方式。

(2) 心理需求分析。

动机识别:分析小周选择特定着装风格背后的心理动因,如舒适感、自我表达需求等。

情绪状态评估:评估小周在不同情境下的情绪反应,理解其对形象选择的影响。

(3) 心理与形象关联。

关联分析:将心理特征与外在形象选择进行对比,识别两者之间的关联性。

需求匹配:根据心理分析结果,制定符合小周心理需求的形象评估方案。

(三) 社会角色分析评估法

1. 方法论

社会角色分析评估法是指通过考察小周在不同社会角色中的形象需求,评估其形象风格的适应性与表达性。

2. 任务环节

(1) 社会角色识别。

角色定义:明确小周在不同社会环境中的角色(如职场、社交、家庭等)。

角色需求分析:分析每个角色对形象风格的具体要求和期望。

(2) 环境适应性评估。

着装规范对比:将小周的着装风格与各社会角色的着装规范进行对比,识别差异与契合点。

行为表现评估:评估小周在不同角色中的行为表现,识别形象风格对行为的支持或限制。

(3) 形象风格调整建议。

多角色适应方案:为小周制定在不同社会角色中适应性强的形象风格方案。

个性化调整策略:根据小周的个性和职业需求,提出具体的形象调整建议,如服装风格、颜色选择、配饰搭配等。

● **注意事项**

评估过程中也会考虑小周的生活背景、职业经历、社交活动等因素,这些都可能影响其心理发展和形象构建。通过整合这些信息,心理特征分析提供了一种方式,使美学设计师能够在没有进入具体解决方案和建议之前,深入理解小周的个性和需求。

任务实施

个性形象风格系统评估的实施步骤(图2-1-5)是全面了解个体的形象和风格,并进行有效的诊断。

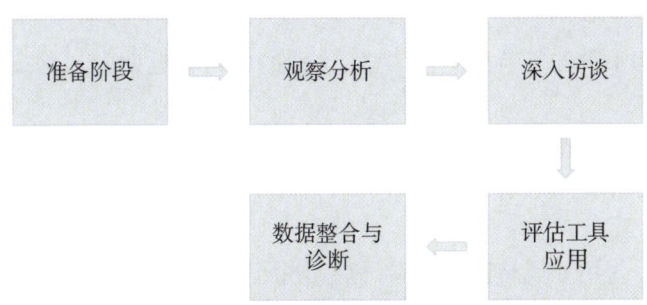

图2-1-5 个性形象风格的测量和评估实施步骤

1. 准备阶段

信息收集:在正式评估前,收集有关小周的基本信息(表2-1-1),包括年龄、职业、社会角色和个人兴趣等。这些信息有助于了解小周的背景和可能的风格需求。

初步交流:与小周进行初步的交流,了解其对个性形象风格的看法和期望。这一步骤可以帮助小周建立信任关系,同时收集关键的第一手资料。

表2-1-1 求美者信息数据记录表

分类	项目	详细内容				情况记录
准备阶段	信息收集	年龄	性别	职业	兴趣	
	初步交流	对个性形象风格的看法与期望				
观察分析	视觉观察	当前着装风格、颜色偏好、搭配方式				
	行为分析	不同社交场合中的表现与互动方式				

(续表)

分类	项目	详细内容	情况记录
深入访谈	个人历史	着装历史、风格变化与原因	
	风格因素	个人经历、职业发展、社会文化影响	
专业评估工具应用	风格评估	风格倾向问卷、色彩分析结果	
	心理特征分析	性格特征、人格测试	
数据整合与诊断	信息整合	视觉观察、访谈记录、心理测试的综合分析	
	形象诊断	初步诊断：主要风格特点、符合与不符合点	

2. 观察分析

视觉观察：在实际见面或通过照片和视频的方式，观察小周的当前着装风格、颜色偏好和整体搭配方式。注意观察不同场合下的着装变化。

行为分析：评估小周在不同社交场合中的表现和互动方式。这有助于理解其社会角色如何影响着装风格。

3. 深入访谈

个人历史：询问小周的着装历史，如曾经偏爱的风格和近期的风格变化，以及这些变化背后的原因。

风格影响因素：探讨影响其形象风格的个人经历、职业发展和社会文化因素。理解这些因素如何塑造其当前的形象风格。

4. 评估工具应用

风格评估工具：使用如风格倾向问卷、色彩分析工具等专业工具，获取更科学、系统的数据。这些工具可以帮助客观地评估小周的风格倾向和色彩偏好。

心理特征分析：通过心理测试了解被评估者的性格特征，了解这些性格如何影响个人的形象选择。

5. 数据整合与诊断

信息整合：将收集的信息和数据进行综合分析，包括视觉观察数据、访谈记录和心理测试结果。

形象诊断：基于综合数据，进行形象风格的初步诊断。诊断结果应详细说明小周的主要风格特点、符合及不符合其个人和社会角色的风格方面。

任务评价

个性形象风格系统评估的任务评价旨在全面分析和评估小周的形象风格，以确保其与个人性格、职业需求以及生活方式相契合（表2-1-2）。该评估任务通过细致的求美者问卷、形象测试和美学设计师面谈等多维度手段，精准揭示小周在色彩、服饰、姿态、气质等方面的独特特点。同时，评估过程强调对外在形象的内在解读，以确保风格设计不仅符合视觉美学标准，还能深度挖掘小周的情感需求和心理特征。最终的评估报告将提供可能的风格改进建议，为小周塑造更加符合个人身份和目标的形象做好准备。

表 2-1-2 个性形象风格评估测评表

序号	评价内容	评 价 要 点	分值	学生自评	导师评价	备注
1	信息收集的全面性	是否全面收集了被评估者的背景信息、职业信息及个人兴趣,覆盖所有关键因素	10			
2	观察分析的准确性	是否能够准确观察和记录被评估者的外在特征、行为表现,以及不同场合的风格变化	15			
3	访谈过程的深入性	是否通过深入访谈获取了被评估者的风格历史、个人经历及风格影响因素	15			
4	专业工具应用的科学性	是否合理应用了风格评估工具和心理分析工具,确保结果的科学性和准确性	30			
5	数据整合与诊断的逻辑性	是否有效整合了各类数据,逻辑清晰地得出了个性形象风格的诊断结果	30			
	合　计		100			

延展思考

在完成个性形象风格系统的评估和诊断之后,如何将这些评估结果应用于实际生活和职业场景中,以帮助个人在不同环境下展现最佳形象?

(彭展展、曹晨)

任务二　整体风格系统定位

1. 理解整体风格系统的基本概念,掌握其决定因素及构成要素。
2. 培养运用整体风格系统定位方法进行风格定位的能力,确保设计过程系统性与协调性。
3. 尊重个体独特性的核心价值观,在风格系统定位过程中倡导平等,在美学设计中获得自我价值认同感。

情景导入

王某(图 2-2-1),24 岁,刚从师范大学学前教育专业毕业。平日里,她很少化妆,认为自然的样子最能展现真实的自己。在性格方面,王某温柔体贴,特别喜欢与孩子们打交道。她热爱绘画,一直认为幼儿教师只要对孩子们有爱心以及教育技能过关,因此,对自己的外在形象并没有过多在意。

王某满怀热情地应聘了一家著名幼儿园的幼儿教师职位。几天后,她接到了幼儿园的通知。面试官们对她的教育能力和对孩子的热爱表示了肯定,但同时也指出,她的外在形象与幼儿园对教师的形象要求不够符合。

图 2-2-1　求美者王某

任务分析

在本任务中,我们将探讨整体风格系统定位的关键概念与应用。整体风格定位不仅仅是视觉设计的层面,它涉及多学科的交叉,如艺术学、心理学、社会学等,并且要求在设计过程中综合考虑个体的背景、社会角色以及外在形象条件,确保形象风格的系统性与协调性。

在整体风格系统定位中,设计不仅要突出个体的独特性,还要根据其所处的职业环境、社会角色以及目标群体的审美需求,量身定制符合个体特征的形象风格。

具体的任务包括:了解如何在不同的社会和职业背景下进行形象风格设计;掌握形象风格的关键视觉元素的运用,如服饰搭配、发型设计和妆容的选择,确保整体风格的协调统一;为求美者提供符合其职业需求、性格特点和生活方式的整体形象风格方案。通过本任务的学习,美学设计师将掌握整体风格系统定位的核心方法,能够从多维度分析与设计人物形象,确保形象定位在不同环境中的适应性与视觉效果。

相关知识

一、风格系统定位的概述

整体风格系统定位是重点分析如何通过全面的系统性规划实现人物形象风格的精准定位。

风格系统定位是指通过对人物背景、基本特征、社会角色、应用情境等多种因素的综合分析,结合外在表现的具体设计元素,精准确定人物形象的整体风格走向。这一过程不仅仅是对人物个性的延展,更是通过视觉符号、文化语境、时代背景等元素的系统整合,打造出与人物角色及其所处情境相契合的形象风格。

相较于个性形象风格评估,整体风格系统定位更侧重于整体性和系统性的构建,其目标是为人物形象提供一个明确的方向,以确保各个设计元素的统一与协调,从而达到最佳的视觉效果和情感传达。

二、形象风格系统的决定因素

在探讨整体风格系统的定位时,需要了解并分析职业环境及角色期望对形象的具体要求至关重要。通过王某的案例,我们可以清楚地看到职业环境和角色期望如何具体影响个体的形象设计与选择。

(一) 个人基础特征的条件

在整体风格定位中,个人基本特征是先决条件,它包括个人的固有色、脸型以及身形比例等各方面的基本特征。

1. 固有色特征

固有色是通过肤色、发色和瞳色确定的,对整体形象的色彩搭配至关重要。例如,王某肤色偏白,适合选择柔和或略显鲜亮的色彩,以增添活力,避免暗沉颜色使肤色显得苍白。发色和瞳色也需与服装及妆容的色彩协调,确保整体色彩搭配和谐,凸显个人气质。

2. 脸型特征

王某的鹅蛋脸型较为理想,因此妆容设计应强调自然美,不需过多修饰,重点在于突出眼睛和唇色,使用轻柔的眼影与自然唇色,以增强她的亲和力,塑造符合教育行业温暖形象的气质。

3. 身形比例

身形比例的基本条件,也会影响形象风格系统的定位,视觉效果的呈现。王某身高165 cm,体形匀称,适合选择线条简洁的服装款式,如直线剪裁的连衣裙或高腰设计的服装,能有效展现她的身形比例,营造出干练而亲切的职业形象。

(二) 社会身份与角色

社会身份和所扮演的角色是决定人物形象风格的重要因素。人物所处的社会阶层、年龄、职业、性别等,都会影响其形象的定位。例如,一个领导者角色的形象可能更加威严、沉稳,普通角色则可能显得更加亲和、平易近人。同时,人物在不同情境中的身份转变,如从家庭角色到职场角色的转换,也会导致其形象风格的变化。

1. 职业环境的影响

王某面试的幼儿园教师职位反映了教育行业对教师形象的明确期待:专业而亲切。教育行业倾向于更保守的着装风格,强调舒适性和实用性,同时要求展现出专业性与可靠性。这种环境不仅要求教师着装整洁,还需通过服装和仪态传递温暖与关怀的氛围。因此,选择适合的服装色彩、款式和配件对于满足这一职业环境的期望尤为关键。

2. 角色期望的具体要求

每个职位对形象的要求可以从多个维度进行分析。以王某为例,作为幼儿教师,她的形象应传递安全感和亲和力。这意味着选择温和色调、简洁款式的服装,并通过发型和妆容进一步强化这一形象。例如,简单清爽的发型和自然妆容更能让孩子和家长感到舒适。此外,王某的形象还应避免过度时尚或夸张的元素,以符合教师职业的稳重与端庄。

(三) 形象视觉符号

形象风格不仅依赖于人物的外观设计,还受到视觉符号学的影响。颜色、服饰、道具、标志性元素等是传递人物个性和背景的视觉符号。例如,黑色常常与神秘、权力和严肃性相关联,而鲜艳的色彩可能象征着活力、自由或叛逆。精心挑选和组合这些视觉符号,能够有效强化人物形象的个性和独特性(图2-2-2)。

图2-2-2 不同形象视觉符号

三、形象风格系统在不同情境下的定位——TPO原则

TPO原则,即时间(Time)、地点(Place)、场合(Occasion),是形象管理中的核心概念,用以指导个体在不同情境下选择合适的着装和行为。正确应用TPO原则可以显著提升个人的社交效率和职业形象。

(一) 时间

时间是影响着装选择的关键因素之一。不同的时间段(如工作日与周末,日常与节假日)以及一天中的不同时段(如上午、下午或晚上)对着装风格的要求各不相同。

工作日:一般推荐更加正式或商务的着装,以展现职业性和专业感。

周末:可以选择更加休闲、舒适的装扮,如牛仔裤、T恤或休闲裙。

晚宴或活动:晚上的聚会或正式活动通常需要更为正式的晚礼服或深色西装。

(二) 地点

着装的选择同样需要考虑地点的特定要求。不同环境和文化背景对着装和行为有不同的期待和规范。

办公室:通常需要穿戴整洁、符合职场规范的服装,如西装、衬衫和合适的商务鞋。

学校:教师和学生通常选择简洁、舒适且具备一定正式度的着装,以便于活动。

(三) 场合

场合的性质是决定着装和行为的最直接因素。根据场合的正式程度、社交性质以及所需表达的职业形象,着装和行为的选择可以有所不同(图2-2-3)。

图2-2-3 不同场合与服饰

商务会议:应选择保守的商务正装,表现出专业和可信赖的形象。

休闲聚会:可以选择更轻松的装扮,如休闲衬衫和舒适的鞋子,适合轻松的社交氛围。

面试:推荐穿着稍显正式的服装,以示对机会的尊重和重视。

文化或艺术活动:可能需要更具艺术感或个性化的装扮,以适应活动氛围并展示个人品位。

● 注意事项

在整体形象设计中,TPO原则的精准运用是至关重要的。通过考虑时间、地点和场合,美学设计师可以为个体定制合适的外观,以匹配特定环境和需求。例如,王某在求职过程中的经历揭示了适当着装选择对于职业成功的重要性。美学设计师结合整体形象设计的核心元素——光影、色彩、固有色分析、脸型分析、发型分析以及身形比例分析深入讨论。

四、形象风格系统的构成要素

(一)形态

专业的美学设计师在塑造美学效果时,会综合考虑个人的面部和身体轮廓,通过微整形或轮廓塑形等技术手段,实现和谐与平衡。例如,利用填充剂注射来调整面部轮廓,使其更接近黄金比例,或者通过非手术方式改善体型线条,以达到理想的视觉效果。这种对形态与线条的敏锐把握同样适用于人物形象设计,通过巧妙选择发型和妆容,美学设计师能够有效地强调或平衡面部特征。例如,选择适当的发型来优化脸型,或利用阴影和高光技术塑造更立体的面部结构。

在服饰搭配方面,美学设计师会根据穿着者的体型和职业需求,选择合适的剪裁和布料,以优化体型比例和职业形象。例如,为职场女性设计的套装通常注重线条感与结构性,展现出专业与力量感,配饰的选择则进一步补充了整体形象设计。选择长款项链延伸颈部线条,或者选择大型耳环平衡宽阔的脸型,美学设计师不仅仅是为了装饰,更是在进行整体形象的塑造,确保各个元素之间的视觉平衡和协调。

(二) 色彩

在设计中,色彩的运用是基于人体美学分析和设计的关键因素之一。色彩不仅能够表达个性特征,还对观者的情绪反应和心理联想产生深远影响。色彩心理学为理解色彩如何影响情绪和感知提供了理论框架。例如,红色通常与活力、热情和冒险精神相关,适合用于展现充满能量和激情的形象;蓝色则传递出冷静、稳定和智慧的印象,常用于强调专业性和可靠感的形象设计(图2-2-4)。

图2-2-4 不同色彩与心理感受

色彩搭配方面,对比色、互补色或相似色的运用可以显著增强视觉和谐或突出特定的视觉效果。互补色搭配通过强烈的对比,强化形象的动感与活力;相似色的组合则能够创造出细腻、和谐的视觉体验,适合那些追求精致、平和的形象设计。

(三) 韵味

韵味是一个综合性概念,通过形象风格系统反映个体的文化品位和内在气质。王某的求职经历为我们提供了一个深入探讨如何利用韵味来提升个人职业形象的案例,尤其是在解决实际形象问题方面的应用。

王某在面试过程中面临的挑战主要在于未能充分展示出符合教师职业特质的韵味。这不仅涉及衣着的选择,还包括面部表情的管理和色彩的运用。在面部美学方面,韵味可以通过微妙而得体的妆容来强化。例如,使用柔和的色彩强调自然美,同时通过轻微的轮廓修饰展现面部的和谐与平衡。这种方法不仅使她的外观与内在的温暖和专业性相吻合,也增强了她在视觉上的可信度和亲和力。

五、形象风格系统定位的方法论

(一) 个人特征优势方法论

1. 个性特征收集

通过设计问卷和面谈的方式,系统收集求美者王某的个性特征数据,包括肤色、发色、瞳色、脸型、身形比例、性格特点以及生活方式等信息。这一过程旨在帮助美学设计师全面了解求美者王某的生理特征与心理特质,为后续设计提供基础数据。

2. 求美者特征分析与应用

根据收集到的数据,帮助求美者王某进行特征分析,明确哪些颜色、服装剪裁和风格最能凸显个体的优势。例如,通过分析王某的肤色与脸型,选择能够增添活力且避免显得苍白的颜色,并根据她的脸型设计出符合其特点的妆容风格。

3. 个性化形象设计实施

在特征分析的基础上,帮助求美者王某设计完整的个性化形象方案,涵盖服装、发型、妆容和配饰等要素。通过试穿、搭配等方式进行调整与完善,确保最终设计符合她的个体需求与美学标准。

(二)社会角色适应性方法论

1. 职业与环境调研

深入研究求美者王某职业的环境与角色期望,收集行业相关的服装规范和行为规范信息。通过调研,帮助求美者王某理解不同职业对形象的具体要求,如教师、销售员、经理等职业在形象塑造上的差异。

2. 求美者角色形象定位

在美学设计中,关键在于将职业需求与个人特征相结合。对于王某来说,通过固有色、脸型、发型和身形比例的分析,可以确定最适合她的职业装扮。固有色分析确保服装颜色能衬托其自然肤色,脸型分析帮助选择突显其温柔特质的发型,身形比例分析则关注服装的合身性与舒适度,确保她在长时间工作中依然保持良好的形象。

3. 整体美学实施与反馈

在真实职业场景中进行形象设计的测试,收集反馈并进行调整,确保设计方案的适应性。鼓励美学设计师在实践中进行多次尝试,分析并调整个人形象,逐步找到最合适的风格。

(三)TPO 原则应用方法论

1. TPO 原则研讨法

组织专题研讨会,邀请形象设计专家与职场顾问讲解 TPO 原则的重要性,并深入探讨其在不同职业环境中的应用。研讨会将结合案例分析,展示如何根据不同的时间、地点和场合选择恰当的着装,帮助美学设计师理解不同场合下着装对职业形象和社交互动的影响。

2. 求美者 TPO 分析

在应用 TPO 原则时,王某需要根据具体的时间(如工作日或周末)、地点(如学校或商务环境)和场合(如正式面试或非正式聚会)来决定着装与行为。例如,在正式的工作面试中,选择一套剪裁合体、色彩保守的职业装(如深蓝或灰色)可以传递她的专业性和认真态度。而在非正式的聚会中,她可以选择更为轻松和个性化的装扮,如图案连衣裙配以简单的配饰,展示她的友好和亲和力。

3. 实际应用与持续改进

鼓励美学设计师将 TPO 原则应用到日常生活与工作中,定期进行自我评估和反馈收集。

**任务实施**

个性形象风格系统定位的实施步骤是一个详尽的过程(图 2-2-5),目的是全面了解个体的形象和风格,并进行有效的诊断。

图 2-2-5　整体形象风格定位实施步骤

1. 基本信息收集

个体信息收集(表 2-2-1):通过问卷和访谈等方式获取求美者王某的基本信息,包括职业背景、生活方式、个性特征以及形象期望。

表 2-2-1　求美者信息数据记录表

分类	项目	详细内容				情况记录
基本信息收集	基本资料	年龄	性别	职业	兴趣	
观察分析	形象固有色	皮肤、头发、眼睛的颜色				
	身体比例	身高、体重、体形的具体数据				
	脸型	脸的形状				
形象价值分析	个性特质分析	描述个性特质、性格、气质类型				
	职业角色形象	分析职业环境和角色期望对形象的具体要求				
	美学价值观	个人风格、颜色偏好、搭配方式				
	期望形象	对自己理想形象的具体描述				
方案设计执行	面部、体型设计定位	面部轮廓、五官特征以及体型类型				
	服装	适合的服装风格和颜色				
	发型	适合的发型				
	妆容	适合的妆容风格				
	配饰	建议使用的配饰类型				
效果评估反馈	同事朋友反馈	从同事和朋友那里收集形象反馈				
	形象复审	定期评估形象变化,适应性调整				

需求分析：基于收集的信息，明确求美者王某在不同职业和社交场合中的形象需求，确定目标职业的形象标准和社交环境的期望。

2. 形象风格评估与定位

形象风格评估：利用专业工具和技术（如色彩分析仪、体型分析软件）评估求美者王某的固有色、脸型、身形等。

风格定位：根据评估结果，并结合职业需求和生活方式，确定最适合的形象风格。

3. 方案设计与实施

方案设计：制定求美者王某的服装、发型、妆容和配饰方案，综合考虑季节、趋势及可获得资源。

试穿与调整：求美者王某试穿设计好的服装，根据实际效果进行调整。

4. 效果评估反馈

持续反馈：在实际应用中，持续收集求美者王某及其朋友的反馈，评估形象改变的效果。

定期复审：定期复查形象风格，根据求美者王某生活或职业变化进行必要的更新和调整。

任务评价

在个性形象风格系统定位的实施过程中，任务评价应关注各环节的完成度、准确性和深度（表 2-2-2）。首先，基本信息收集阶段通过数字化工具高效获取王某的个人资料，并明确其形象需求。其次，形象评估利用专业工具（如色彩分析仪、体型分析软件）分析其固有色、身形等特征，并根据职业和社交需求进行精准定位。在方案设计阶段，制定个性化的服装、发型、妆容及配饰方案，并在试穿过程中进行及时调整。最后，通过持续反馈机制收集意见，定期复审并优化方案，确保形象风格满足王某的期望与需求。通过精细化执行，确保每个环节科学且高效地推动任务完成。

表 2-2-2　个性形象风格评估测评表

序号	评价内容	评价要点	分值	自评	导师评价	备注
1	基本信息收集	完整收集所有必要的基本资料、信息准确无误、通过有效的方法收集	10			
2	观察分析	深入到具体特征、有效利用科技工具、保持客观性	20			
3	形象价值分析	能进行全面分析，内容紧密结合个体实际需求和职业环境，具备实际方案设计指导价值	30			
4	方案设计执行	展现创新、方案定制化、服装等选择与设计预期符合	30			

（续表）

序号	评价内容	评价要点	分值	自评	导师评价	备注
5	效果评估反馈	有效的反馈机制、满意度高、定期复审调整形象	10			
	合 计		100			

 延展思考

当个人的审美偏好与职场的形象要求发生冲突时，我们要如何应对？

（彭展展、崔蓉英）

模块二

外在形式美的表达

单元三　人体美学标准及法则

本单元的核心目标是深入理解人体美学的标准与法则,培养分析影响人体美学的多重因素的能力,并掌握将美学法则有效应用于设计中的方法与工具。学习内容涵盖人体美学与其影响因素的分析、人体美学设计法则的应用以及相关设计工具的使用。学习目标基于美容设计岗位的职业能力要求制定,内容贴合实际工作场景和操作,旨在引导美学设计师以科学、系统的态度,运用美学标准和设计法则,创造符合个体审美需求的形式美解决方案。

本单元的学习意义在于提升美学设计师对人体美学标准和法则的全面认识,增强其在实际设计中综合分析影响因素和应用设计工具的能力,从而制定更加精准、科学且个性化的美学设计方案,满足求美者的多样化需求。

人体美学标准及法则	人体美学与影响因素分析	人体美学的基本理论
		生理因素与美的关系
		心理因素的影响
		社会文化背景
		人体美学与影响因素分析的实践方法论
	人体美学与设计法则应用	人体美学与设计的基本概念
		人体美学与设计的基本法则
		人体美学与设计和视觉心理学
		人体美学与设计法则的具体应用
	人体美学相关设计工具使用	传统美学设计工具的使用：有效沟通与精准测量；测量操作的关键注意事项；常用测量仪器使用方法
		数字技术在测量与设计中的应用：数码照相机、摄像机；人工智能和3D图像采集技术；数字技术测量与分析的关键注意事项

任务一　人体美学与影响因素分析

1. 了解人体美学的基本理论,熟悉生理因素、心理因素和社会文化背景等对人体美学的影响。
2. 提升对人体美的批判性和审美思辨能力,能够评估不同因素对人体美学设计的影响。
3. 理解人体美学与社会文化、时代价值的关系,将社会主义核心价值观融入设计实践。

情景导入

李女士(图3-1-1)是一名35岁的职业女性,身材高挑、皮肤白皙,但她总是感到自己缺乏自信,尤其是在社交场合中。当她浏览社交媒体时,看到身边许多人分享自己精心打造的形象和身材,而这些形象似乎都符合当前流行的审美标准。李女士不禁开始怀疑,自己的外表是否符合社会对"美"的定义。她尝试过不同的美妆和穿搭方法,但始终觉得无法与自己内心的"理想美"契合。

图3-1-1　求美者李女士

本任务旨在深入分析影响人体美学的多重因素,为美学设计法则的应用奠定理论基础。

在现代社会,求美者的身体形象不仅受生理特征如年龄、体型、肤色等影响,还受到心理状态、社会文化背景及环境因素的综合作用。社交媒体的普及和美的标准化塑造,使求美者在追求理想形象时面临心理压力和自我怀疑。

本任务的核心目标是帮助美学设计师全面理解生理、心理、社会文化及环境因素如何交织影响个体的美学选择。学习目标包括掌握分析这些因素的方法,理解不同文化背景下的美学标准,以及识别社交媒体对美的影响。通过李女士的求美经历,美学设计师将学会制定人性化、个性化的美学方案。

本任务的学习意义在于提升美学设计师对人体美学复杂性的认识,培养其在实际设计中综合考虑多重影响因素的能力,从而制定更有效、针对性的美学解决方案,满足求美者的个性化需求。

相关知识

一、人体美学的基本理论

(一) 定义与历史发展

人体美学是一个跨学科的研究领域,主要关注人类身体形态、动态表现及其在艺术、文化和社会中的象征意义。该学科旨在通过对身体的美学分析,揭示身体所承载的文化价值与情感表达。在历史的演变中,人体美学的发展与人类对美的理解密切相关,深刻反映了不同时代、不同文化与社会背景下审美观念的变化。

人体美学的起源可以追溯至古代希腊时期。希腊哲学家如柏拉图和亚里士多德对美的探讨奠定了这一领域的基础,他们认为美是比例与和谐的体现。古希腊艺术作品的精湛技艺,不仅展示了对人体比例与动态的精准把握,更反映了当时社会对身体之美的崇拜与推崇。这一时期的艺术作品成为后世对人体美学理解的重要范例。

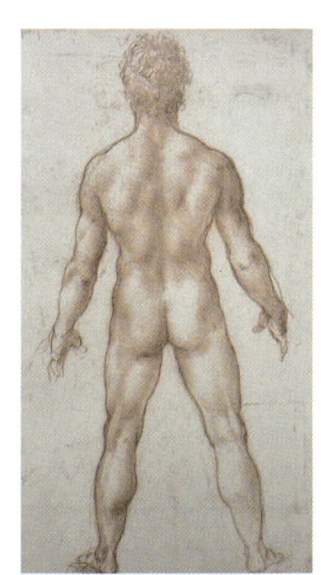

进入中世纪,基督教思想强调灵魂的纯洁与对肉体的克制,因此人体的表现受到压制,艺术创作多集中在宗教主题与象征意义上。然而,文艺复兴时期的到来标志着对人体美的新一轮探索。艺术家如达·芬奇、米开朗琪罗与拉斐尔,通过对人体结构与动态的深入理解,重新定义了美的标准,强调了人体的自然状态与生命力。这一时期的艺术作品不仅是美的再现,更是人类自我认知与人文精神的体现(图3-1-2)。

18世纪,随着启蒙思想的蓬勃发展,人体美学的视角变得更加多元化。哲学家康德在《判断力批判》中提出审美判断的主观性,强调个体体验在美的理解中的重要作用。此外,工业革命带来了社会结构的深刻变革,身体的意义不仅限于美的对象,还成为社会身份与权力象征的体现。

进入20世纪,人体美学的研究受到心理学、社会学及人类学等多学科的影响,强调身体与社会文化环境之间的相互作用。后现代主义者对传统美学观念提出质疑,认为美的定义是相对

图3-1-2 达·芬奇绘的裸体男子背面

多元的,身体之美不仅存在于外在表现中,更深深植根于个体的身份认同、文化背景与社会经历之中。

(二) 不同文化与时代的美学视角

不同文化与历史时期对人体美学的理解与表现展现出显著差异,这种多样性不仅反映了各自的社会价值观念,还体现了对美的不同追求与定义。通过对比不同文化和时代的美学视角,我们可以更全面地理解人体美学的复杂性与多维性。

在古代中国,人体美学主要强调内在的和谐与自然之美,儒家思想倡导的"中庸"理念深刻影响了对身体美的理解。《淮南子》有言"身者,心之所寄",体现了身体与精神的统一。这一思想在传统艺术表现上尤为明显,中国古代绘画以细腻的工笔风格呈现人物形象,强调气韵生动与以形写神,突出内在美的价值。研究表明,古代文人对身体的审美追求,常与道家和佛教的思想相结合,形成了一种对身体自然状态的敬畏与崇尚。

与此形成鲜明对比的是古希腊文化。希腊美学强调理性与形体的完美,体现在其雕塑作品中,如《维纳斯·德·米洛》和《大卫》。这些作品不仅展现了理想化的身体比例,还通过对动态与姿态的精准把握,传达出对人体力量与美的崇拜。希腊哲学家柏拉图在其著作《饯别》中论述了理想美的概念,强调了形态与理念之间的密切联系,这种观念深刻影响了后续西方艺术对人体的表达,尤其是在文艺复兴与巴洛克时期。

在非洲及美洲的原住民文化中,人体美学常通过身体的装饰与变形来表达身份与文化认同。例如,非洲部落的面具与身体绘画不仅是艺术作品,更是社会地位、文化传承与宗教信仰的体现。这种对身体的重塑与装饰,超越了单纯的美学范畴,成为文化表达的重要方式。通过这些艺术形式,身体的外在表现与内在意义紧密结合,体现了多样的文化价值观。

进入现代社会,全球化与多元文化的交融使得人体美学的视角更加丰富多样。在后现代艺术中,身体作为表达个体身份与社会议题的载体,受到了越来越多的关注。艺术家们通过不同媒介(如行为艺术与装置艺术)探索身体的界限与表现,挑战传统美学标准,揭示社会对身体的固有观念与偏见(图3-1-3)。例如,美国艺术家朱迪·芝加哥(Judy Chicago)的作品《晚宴》不仅重塑了女性的身体形象,还探讨了性别与文化身份。

图3-1-3 数字装置作品

二、生理因素与美的关系

（一）年龄、性别与体型的影响

生理因素是影响人体美学的重要维度，其中年龄、性别与体型的关系在美的标准与表现中具有显著作用。这些因素不仅影响个体的身体外观，还深刻影响社会对美的认知与评价。

年龄的影响　年龄在身体美学中占据重要地位，直接影响个体身体特征的呈现及其在不同文化中的美学评价。不同年龄阶段的身体特征各具特色，而社会文化对这些特征的审美标准往往因时代与地域的差异而有所不同。青春期的身体通常被视为活力与美丽的象征，光滑的肌肤与流畅的线条往往被认为是理想的美。然而，随着年龄的增长，衰老过程伴随肌肤松弛与皱纹的出现，尽管成熟与岁月的痕迹可能被赋予不同的审美意义，从普适性价值角度来看，衰老通常被视为美的衰退。

> **温馨提醒**
>
> 在不同文化中，对年龄的看法也存在差异。某些文化尊重年长者，认为其所承载的智慧与经历是美的一部分；另一些文化则更倾向于赞美年轻与活力，视青春为美的标志。这种对年龄的不同态度影响着个体自我认同与社会接受度，从而反映在美学标准的形成与变化中。

性别的影响　性别是另一个影响人体美的重要生理因素。在许多文化中，性别角色的期望对身体美的标准产生了深远影响。传统认知上，女性的身体美往往与柔和、细腻的特征相关，如纤细的腰身、光滑的肌肤和优雅的姿态；男性的身体美则多强调力量与健壮，如宽阔的肩膀与结实的肌肉。

体型的影响　体型作为重要的生理特征，与身体美感密切相关，其审美价值在不同文化和历史时期呈现多样性。在许多传统社会，丰腴体型常被赋予富足、健康和生育能力的象征意义，这一偏好通常与当时的经济条件和文化背景相关。而在当代，随着经济发展与健身文化的普及，健康与自律的苗条体型逐渐成为主流。

（二）肤色及其文化评价

肤色作为一个重要的生理因素，在人体美学中扮演着不可或缺的角色。肤色的多样性不仅是生物遗传的结果，更受到历史、社会及文化背景的深刻影响。不同文化对肤色的评价和审美标准各异，这种差异反映了各个社会在身份认同、权力关系和美的定义上的复杂性。

1. 肤色的生物学基础

肤色的形成主要与皮肤中的黑色素含量有关。黑色素是一种保护皮肤免受紫外线伤害的色素，其含量的多少受遗传因素、生活地域及环境适应性等多种因素影响。一般而言，生活在阳光强烈地区的人群，黑色素含量较高，皮肤颜色较深，以提供更好的紫外线防护；生活在阳光相对温和地区的人群则通常肤色较浅。这种生物学背景为肤色的多样性奠定了基础。

2. 肤色与社会文化的关系

在不同文化中，肤色的审美价值存在显著差异。在许多西方国家，尤其是美国和欧洲国家,较浅的肤色往往被视为美的标准。这一观念在一定程度上与历史上的殖民主义和种族歧视有关,白皙的肤色被赋予了社会优势与权力象征,形成了"肤色偏见"的现象。例如,20世纪的美国广告与时尚产业常常强调"白人美",导致对肤色较深的个体的偏见与歧视。

> **知识链接**
>
> 在某些文化中,深色皮肤则被视为健康与活力的象征。例如,在许多非洲及加勒比地区,深色肤色与自然环境的适应和文化认同相结合,被认为是力量和美丽的标志。随着全球化进程的推进,这种肤色审美的多样性逐渐得到认可与尊重。

3. 肤色审美的变迁

近年来,随着对多样性与包容性认识的提升,肤色的美学评价正在经历变革。尤其是在社交媒体的影响下,越来越多的人开始反对传统肤色偏见,提倡接受多元的美。身体积极主义运动和多元文化主义的兴起,鼓励人们正视自身的肤色差异,强调每一种肤色都有其独特的美(图3-1-4)。

图3-1-4 多元文化审美与不同肤色

三、心理因素的影响

(一) 自我认知与社会比较

心理因素在人体美学的构建中具有重要作用,其中自我认知与社会比较是影响个体对美的感知与评价的关键因素。这两者不仅塑造了个体的身体形象,还对社会的美的标准与期望产生深远影响。

1. 自我认知

自我认知是指个体对自身形象及身体特征的理解与评价,受到生理、文化与社会环境等多重因素的影响。积极的自我认知通常与较高的自尊心和心理健康水平相关,个体更倾向于接受自身的身体形象,并对自身的美感给予正面评价。心理学研究表明,拥有积极自我认知的人,通常能够欣赏身体的多样性,且对不同体型和肤色的接受度较高。

2. 社会比较

社会比较理论由心理学家费斯廷格(Leon Festinger)提出,强调个体倾向于通过与他人进行比较来评估自身的能力与特征。在身体美的评价中,个体常常将自身与他人的外表、体型及肤色进行比较。这种比较不仅影响个体的自我认知,还会影响对美的社会标准的接受程度。

(二) 情感体验与美学追求

情感体验在个体对美的感知与追求中扮演着核心角色,它不仅影响审美偏好和美学评价,还在塑造身体形象的过程中发挥着重要作用。情感与美学之间的关系是复杂的,通过探讨情感体验对美学追求的影响，我们能够更深入地理解美的多维性及其在个体生活中的意义。

> **知识链接**
>
> 当个体感到快乐或满足时，更容易对周围的美好事物产生敏感性，进而提升其对美的理解与评价。相反，负面情感，如焦虑或抑郁，往往使个体的审美能力下降，导致对身体形象和美的负面评价。

四、社会文化背景

（一）社会美标准与流行趋势

社会美标准是特定文化和社会背景下形成的对美的普遍认知与评价体系。这些标准不仅影响个体的审美选择，也反映了社会的价值观、权力关系及历史进程。流行趋势作为社会美标准的重要组成部分，通常通过媒体、时尚界和公众人物的影响力不断演变和重塑。

1. 社会美标准的形成

社会美标准受到历史、文化、经济和政治等多种因素的影响。不同文化中对美的理解各有不同，且随着时间推移而不断变化。此外，社会美标准的形成还与社会结构和权力关系密切相关。例如，主流文化常常代表着社会主导群体的美的理想，而少数群体的美的表达可能会被边缘化。这一现象在历史上表现为某些身体特征或美的标准在特定文化中被过度强调，如纤细的体型或特定的肤色等，这在一定程度上反映了社会的性别和种族歧视。

2. 流行趋势的影响

流行趋势是社会美标准的动态体现，往往受到时尚、娱乐和媒体的强烈影响。流行文化的传播使得某些美的标准迅速成为大众认同的目标。例如，21世纪初，社交媒体的普及推动了"网红"文化的兴起，许多社交平台上的影响者和公众人物塑造了新的美的潮流。个体在追求美的过程中，往往受到这些流行形象的影响，可能会模仿以符合社会所倡导的美的标准。

> **知识链接**
>
> 社会美标准与流行趋势在塑造个体审美选择的过程中发挥着重要作用。这些标准的形成与演变不仅反映了社会的价值观与文化背景，也影响着个体的自我认同与心理健康。理解这一关系能够帮助我们更深入地探讨美的多元性与个体在社会文化背景下的审美追求。

（二）社交媒体在美学构建中的作用

社交媒体在当今社会中扮演着越来越重要的角色，特别是在美学的构建与传播方面。

作为信息传播的重要平台,社交媒体不仅改变了人们获取和分享美的方式,还深刻影响了个体对美的认知和评价。

1. 美的标准的传播与塑造

社交媒体使美的标准得以迅速传播和塑造。一方面,自媒体平台允许用户分享与展示各自的审美风格和生活方式,形成一种互动性强的美学社区。这些平台不仅让个体能够自由表达与展示自身的美感,也使某些外貌特征和风格迅速成为流行趋势。另一方面,社交媒体的算法也在潜移默化中影响用户接触的内容,从而进一步塑造其对美的认知。平台通过数据分析推送用户感兴趣的内容,导致某些美的标准被不断重复,形成"回音室"效应,使用户对美的理解变得狭隘。

2. 影响个体审美选择

社交媒体不仅传播美的标准,也直接影响个体的审美选择。用户在浏览大量美丽影像和风格时,往往受到潜移默化的影响,形成对美的期待与追求。个体在选择穿着、化妆和身体形象时,可能会受到社交媒体上流行内容的驱动,趋向模仿传播者和其他用户的风格。这种模仿行为反映了社会对美的普遍期望,并可能导致个体在未能达到这些标准时产生自我怀疑与焦虑。

3. 多样性与反思的空间

尽管社交媒体在传播统一美的标准方面发挥了重要作用,但它也为美的多样性和包容性提供了平台。近年来,越来越多的用户开始在社交媒体上倡导身体积极性和多样化的美的表现,分享自身的独特故事和形象。这种反向运动挑战了传统美的标准,推动了对各种身体形态、肤色和文化背景的接受与赞美。

五、人体美学与影响因素分析的实践方法论

(一)生理特征分析与个性化调整

1. 方法论

美学设计师需全面分析求美者的生理特征,包括体型、肤色、五官特征、皮肤状态等。这一分析有助于了解求美者的自然外貌优势与局限,从而为后续的美学调整提供科学依据。在此基础上,设计师可以进行个性化的外观优化,确保方案能够最大化地展现求美者的美感潜力。

2. 应用案例

以李女士为例,设计师在分析其高挑身材和白皙肤色的基础上,选择了流线型的剪裁和柔和色调的搭配,避免过于强烈的色彩对比,突出了她身形的优点,同时保证整体形象的和谐与自然。

(二)心理状态评估与情感需求挖掘

1. 方法论

美学设计不仅是外形的改造,更是对求美者内心需求的回应。因此,设计师应深入了解求美者的心理状态、情感需求以及外貌焦虑的根源。通过与求美者的沟通,识别其对美的认知障碍或心理障碍,从而根据心理分析调整设计策略。通过情感化设计,设计师可以帮助求美者提升自信、舒缓焦虑,实现内外一致的美学体验。

2. 应用案例

李女士的焦虑主要来源于社交媒体带来的外貌对比压力。在了解其情感需求后,设计师为其提供了一个渐进式的方案:在小范围内进行形象改变,逐步让李女士适应和接受自己新的外观,同时增加积极的心理暗示和自信提升的建议,避免她因急剧的改变而产生不适感。

(三)社会文化背景的审美标准与趋势分析

1. 方法论

美学设计需要与社会文化背景相契合。因此,设计师应了解当前的审美标准及社会文化对美的定义,尤其是影响求美者选择的流行趋势。通过对流行文化、时代特征、社会环境和集体心理的分析,设计师可以为求美者提供既符合主流审美又具个性化的美学方案。

2. 应用案例

考虑到李女士生活在一个注重个人形象的城市环境中,设计师结合当前流行的自然美学趋势,为她选择了一种简洁而不失精致感的造型,避免过度修饰,但又能够在社交场合中显得得体和自信。这一方案在符合现代审美趋势的同时,也突出了李女士的个人风格。

(四)环境因素的影响与适应性设计

1. 方法论

环境因素对个体的美学选择有着潜移默化的影响。设计师应考虑求美者所在的社会环境、职业要求、日常生活场景等外部条件,设计出既适应这些环境的美学方案,又能使求美者在环境中保持自我特色。设计方案的适应性不仅体现在外观上的匹配,还应体现在方便性和功能性上。

2. 应用案例

对于李女士而言,她是一名职业女性,平时需要在正式与非正式场合中转换形象。因此,设计师为她设计了一个多功能的形象方案,既适合职场中的干练形象,也能在休闲时展现她的优雅与个性。该方案的灵活性和适应性帮助李女士在不同的社交场合中都能够保持自然自信。

(五)社交媒体与审美标准的互动分析

1. 方法论

社交媒体的普及使得审美标准趋于统一,而个体在这种标准化的审美中可能面临巨大的压力。设计师应帮助求美者识别社交媒体带来的审美影响,并引导其回归个性化审美的本源。通过合理调整个体形象与社交平台的审美差距,设计师能够缓解求美者的焦虑,帮助其在符合主流审美的同时,保持独特的个人魅力。

2. 应用案例

李女士在社交媒体上感受到的审美压力较大,设计师通过引导她认识到每个人的美学标准不同,帮助她树立正确的自我认知,并为她量身定制了一套既能在社交媒体上传递自信形象,又能在现实生活中体现个性和舒适感的形象方案,从而减轻了她对外界评价的焦虑。

注意事项

1. 数据收集的伦理性：在进行人体美学的实证评估时，必须确保数据收集符合伦理规范。美学设计师应征得求美者的知情同意，且在进行测量或观察时尊重个体隐私和人格尊严。所有数据的使用仅限于学术目的，严禁泄露个人隐私信息。

2. 多样性与包容性：在进行人体美学的案例分析或影响因素的研究时，应注意对美的标准保持多样性和包容性，避免偏见或刻板印象的形成。美学设计师应意识到美的标准在不同文化和社会背景下的多样性，尊重不同的审美观念。

3. 批判性反思：在对不同美学标准进行分析时，美学设计师应进行批判性反思，理解社会文化背景对美学标准的深刻影响。美学设计师应认识到任何美学标准都是特定社会环境的产物，不能简单地对求美者进行绝对性评价。

任务实施

本任务旨在分析和理解人体美学及其影响因素。通过多样化的学习活动，使美学设计师能够综合运用理论、实证与批判性分析的多重方法，掌握人体美学的复杂性和多维性。以下是人体美学与影响因素分析的关键步骤（图3-1-5）。

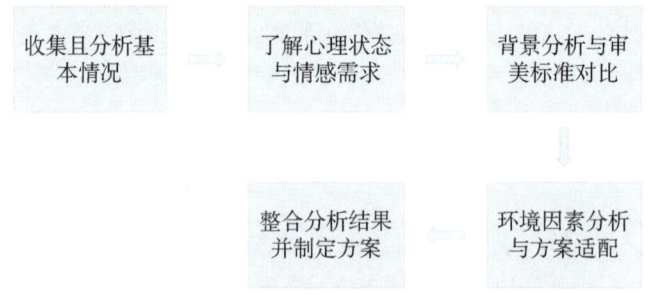

图3-1-5 人体美学与影响因素分析实施步骤

1. 收集且分析基本情况

通过与李女士的交流，详细了解其身高、体型、肤色、五官特征、皮肤状态等生理特征。此步骤的核心是对李女士身体数据的精确收集，并结合相关美学标准进行对比分析，以便为后续设计奠定基础。

2. 了解心理状态与情感需求

心理状态和情感需求对个体的美学选择有重要影响。美学设计师需通过与李女士的沟通，探讨其内心需求、心理障碍、对美的认知及期望。这一步骤的目标是识别李女士的内在情感需求和可能存在的心理压力，尤其是在社交媒体普及的背景下，焦虑与自我怀疑是常见问题。

3. 背景分析与审美标准对比

美学设计师不仅要关注李女士需求，还需要考虑社会文化背景中普遍存在的审美标准。美学设计师需要研究李女士所在的社会文化环境，识别其中流行的审美趋势、文化认同及社会价值观，确保设计方案既符合个体的需求，又能在社会文化中得到认同。

4. 环境因素分析与方案适配

环境因素,尤其是生活和工作环境,对个人美学的形成有重要影响。美学设计师需考虑求美者的日常生活方式、职业特性、社交圈及其所处的环境,从而制定适应环境需求的美学方案。

5. 整合分析结果并制定方案

综合以上各个分析步骤的结果,美学设计师需整合生理特征、心理需求、社会文化背景以及环境因素,制定出全面的、个性化的美学设计方案。此方案应满足李女士的外表优化需求,同时也应缓解她的心理压力,提升自信心。

任务评价

任务评价是确保美学设计师掌握人体美学及其影响因素分析的重要环节。评价方法包括实证分析报告、批判性反思和成果展示等多种形式,全面衡量学习成效。评价的意义在于帮助美学设计师明确自身的学习成果与不足,指导进一步提升。同时,通过量化评分与质性反馈相结合,提供全面的改进建议(表3-1-1)。

表3-1-1 人体美学与影响因素分析总测评表

序号	评价内容	评价要点	分值	自评	导师评价	备注
1	理解人体美学的多样性及影响因素	目标设定是否清晰,符合实训目的;是否对人体美学的多样性做了全面梳理	20			
2	案例选择的代表性与文化背景的多样性	选择的案例是否具有代表性,能反映不同文化或历史时期的美学特点;分析是否全面,比较的维度(视觉表现、文化背景等)是否多元且有深度	20			
3	识别影响因素:找出影响美学标准的社会、文化、心理因素	是否能够识别并分析出各个影响因素,探讨它们如何影响美学标准的形成;背景分析是否深入,能够揭示出案例的社会与文化背景	25			
4	批判性分析:评估案例中的美学标准的合理性与局限性	是否能够深刻分析案例中的美学标准,并指出其合理性与局限性	25			
5	整合分析结果:形成一个系统的分析报告,包含案例分析与批判性反思的结果	报告内容是否完整,分析是否系统,逻辑清晰	10			
	合　　计		100			

延展思考

在美学传播中,尤其是商业美学的宣传和推广过程中,是否存在伦理问题?社会和相关行业应如何在美学传播中履行其社会责任?

(夏学敏、孙雪芳)

任务二　人体美学与设计法则应用

学习目标

1. 了解人体美学与设计的基本概念,熟悉视觉心理学,掌握设计基本法则及应用场景。
2. 能够熟练运用设计法则进行人体美学分析与设计。
3. 尊重设计法则和规律,树立严谨的科学态度,培养解决问题的创新意识。

情景导入

王强是一名经验丰富的城市网约车司机,每天驾驶网约车穿梭在繁忙的市区街道上。40岁生日即将到来,他决定打破常规,改善自己平日里较为随意的着装和个人形象,为自己的工作和生活带来新的活力。王强希望通过这种改变,不仅提升自己的自信心,也让乘客感受到更加专业和亲切的服务。

任务分析

本任务通过王强的案例,帮助美学设计师掌握人体美学与设计法则的实际应用。通过分析服饰搭配、面部美学等案例,美学设计师将学会如何平衡设计中的变化与统一、对比与调和等原则,确保作品既具美感又符合实用需求。同时,美学设计师将运用视觉心理学原理,如线条、图形与色彩的心理效应,优化设计方案,提升情感表达和视觉效果。

在技能训练方面,美学设计师将掌握人体比例测量与评估方法,提升对美学标准的理解,并通过实际设计练习强化创意表达。引导美学设计师进行市场分析,帮助他们理解和适应消费者需求,以便在实际工作中灵活调整和优化设计方案。这一系列的实践活动不仅增强了美学设计师的设计能力,也培养了其严谨的科学态度与创新意识,提升其在专业岗位上的竞争力。

一、人体美学与设计的基本概念

(一) 共性美学原则

共性美学原则,如对称性、比例关系、平衡等指标,是全球普遍认可的美学标准,广泛适用于不同文化背景下的人类。这些原则核心在于它们符合人类的视觉处理机制,普遍提升视觉吸引力。例如,对称性在视觉艺术中创造平衡感,比例关系到形状和尺寸的和谐性,平衡则是视觉元素整体布局的关键。这些原则构成美学设计的基础,用于提升任何视觉作品的吸引力和审美价值。

(二) 个性化美学应用

个性化美学应用需考虑每个个体的独特身体特征、文化背景和社会环境。例如,王强在改善个人形象时,他需要选择适合自己体型和职业场合的服装。设计师在这一过程中需适应不同文化对身体比例和装饰的偏好,这表现在选择适当的形态样式、颜色、图案和材质上,使设计不仅遵循美学原则,也符合个体的实际需求和文化期望。

(三) 实际应用与调整

实际应用与调整阶段是将共性美学原则与个体化需求结合的实践过程。在王强的例子中,美学设计师或形象顾问通过与求美者沟通、市场研究和实际设计经验,细致地评估其身体特征、审美偏好及生活环境,以创造符合其职业形象和个人喜好的定制化设计。这一过程不仅需要美学设计师的创造力和技术知识,还要求对求美者的需求有深刻理解和同理心。

通过这种方式,人体美学与设计法则不仅在理论上定义了创建美观、和谐和个性化设计的标准,而且还提供了一套实用的工具和方法,使设计师能够在满足广泛审美标准的同时,也尊重和响应个体的独特需求。

> **知识链接**
>
> 共性美与个性美之间的关系是人体美学与设计法则中的一个关键因素,理想的美学体验通常来源于这两者的有效结合,既满足普遍的审美要求,也尊重和体现个体的独特性,创造出具有个人标识的视觉艺术作品。

二、人体美学与设计的基本法则

人体美学与设计的基本法则是设计实践中至关重要的一环,它们帮助美学设计师在创造和谐、美观及个性化的设计时保持统一和调和。以下是一些关键的设计法则。

(一) 变化与统一

变化与统一(图 3-2-1)是实现视觉兴趣和整体和谐的基本方法。变化通过引入不同的形状、大小或颜色来吸引注意力,统一则通过重复元素创造和谐感,确保设计的整体一致性。例如,王强在选择日常工作服时,采用了统一的色调,但在领带和腕表的选择上引入了些许变化,这些细微的差异不仅增添了个性,同时也维持了职业装的整体专业形象。

图 3-2-1 变化与统一

(二) 对比与调和

对比与调和涉及将对立的元素（如亮与暗、粗与细）融入设计中,以创造动态的视觉效果。正确的对比可以突出关键特征,增强视觉冲击力;调和则确保这些对比元素不会破坏整体的视觉平衡。例如,在面部美容设计中,对比色彩可以突出眼部或唇部,调和的色彩过渡保持面部的自然美感。

(三) 对称与均衡

对称与均衡在人体美学中扮演着核心角色,特别是在面部设计中。从视觉平衡的角度看,对称性不仅增加了面部的美感和吸引力,也是人类对美的基本认知之一。在面部医美中,通过精确调整鼻梁的高度、唇形的对称或眼睛的水平线来增强面部的对称性,可以显著提高一个人的外观和自信。这些细微的调整帮助创建一个视觉上平衡和和谐的外观,使得面部特征更加吸引人。

(四) 比例与尺度

比例与尺度关注设计元素间的相对大小和关系。良好的比例是美感的关键,尤其是在确保身体各部分的和谐与一致性方面。在个人造型中,选择合适比例的配饰和服装可以优化个体的体型和身高比例,从而使整体形象更加和谐。

(五) 节奏与韵律

节奏是视觉元素在设计中有规律地重复或变化,它通过节奏的快慢、轻重、长短来影响观众的感知体验。韵律则强调这种重复模式带来的和谐感和统一感。在设计中,节奏与韵律不仅仅是视觉的组织工具,它们还能够引导观众的注意力、创造出视觉流动感,使设计作品从静态变为动态,增强视觉感染力(图 3-2-2)。

图 3-2-2 不同线条排列与不同视觉感

通过这些基本法则,美学设计师可以在尊重和响应个体独特需求的同时,实现广泛的审美标准,创造出既美观又和谐的设计作品。这些法则不仅理论上定义了创造美观、和谐和个性化设计的标准,还在实践中提供了实用的工具和方法。

> **温馨提醒**
>
> 在学习人体美学与设计的基本法则时,最需要注意的是如何将这些理论性的法则有效地融入实际的设计实践中,确保理论与实际的有效结合。这些法则虽然在理论上显得清晰,但在实际应用中往往需要对具体情况进行灵活处理,这是学习和应用过程中的一大挑战。

三、人体美学与设计和视觉心理学

1. 线条的心理效应

线条的方向与情绪反应 线条方向在视觉艺术中具有强烈的情绪表达力。垂直线条通常与力量和稳定性相关联,能传达一种庄严和正式的感觉;水平线条给人平静和宁静的感受,常用于营造放松的氛围;对角线表示动态和活力,常用来引导观者的视线并激发动感。例如,在网约车司机王强的服装设计中,线条方向的选择对其职业形象有直接影响。制服设计采用垂直线条,这不仅视觉上增加了王强的身高感,还传达了一种权威和稳定性,这对于网约车司机这一职业是至关重要的。这种设计的垂直线条强化了他作为可靠和专业司机的形象,使乘客在乘坐网约车时感到更加安心。

曲线与直线在视觉感知中的作用 本任务中,王强在更新自己的形象时,不仅考虑了衣着,还注意到了发型的调整。如果选择稍带曲线的发型,这可能让他看起来更友好和可接近,有助于在工作中与乘客建立更好的关系。同时,这种柔和的曲线可以平衡他整体造型中的直线元素,如制服的线条,从而使他的整体形象既专业又亲切。曲线因其柔和与连续性,常被认为是温柔和舒适的象征,它们在设计中用来增添美感和优雅。直线则因其清晰和直接性,被视为现代和力量的表现,适用于需要表达简洁和效率的设计场合。

2. 图形的视觉心理

基本图形（圆形、方形、三角形）与心理感知 圆形通常与和谐和保护相关，给人一种安全感；方形传达稳定性和可靠性，常用于表达强度和专业性；三角形因其尖角和动态形态，常用来表示冲突、动力或进步（图3-2-3）。例如，王强在选择改善自己的个人形象时，可能会选择含有圆形元素的配饰或细节，如圆形的表盘或按钮，这些圆形元素不仅增加了他装扮的和谐感，还无形中给乘客传达了一种友好和保护的信息，有助于在与乘客的互动中创造更舒适的环境。

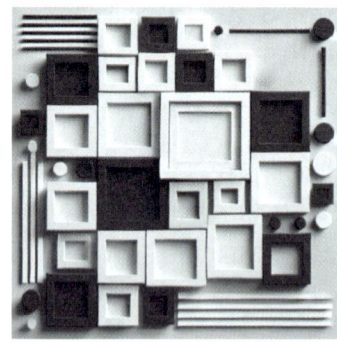

图3-2-3　不同图形与不同心理感知

图形的排列和组合对视觉平衡的影响 图形的排列和组合在创造视觉平衡中起着关键作用。对称或非对称的布局可以控制设计的稳定感或动态感。合理的图形组合可以增强视觉效果，使设计更具吸引力和表现力。

3. 色彩心理学

色彩与情绪 色彩在设计中不仅用于美化环境，还是一种强大的工具，直接影响人的情绪和行为。例如，温暖色调如红色和黄色，能激发情感和增加能量，常用于营造活跃和兴奋的氛围，适合促销广告或活动空间的设计。相对地，冷色调如蓝色和绿色，有助于放松和平静，经常被用于医疗和疗愈空间以及需要集中精神的办公环境（图3-2-4）。

图3-2-4　冷暖色空间对比

色彩的饱和度和明度也对情绪调节起到关键作用。高饱和度的色彩更鲜明,可以强化情绪反应,使观者感受到更强烈的情感;低饱和度的色彩则显得更柔和,有助于缓解压力。同样,高明度的色彩可以提升空间的开放感和活力感,使空间看起来更加宽敞明亮;暗色调则让空间显得更紧凑和私密。

色彩偏好与文化背景的关系 色彩偏好深受文化背景的影响。不同文化对色彩的象征意义和偏好各异,这种差异不仅体现在色彩的象征意义上,还可能影响人们的行为和情绪反应。例如,在许多亚洲文化中,红色象征喜庆和好运,常用于婚礼和节日庆典;在西方,红色可能代表爱情和激情,但也有时被关联于危险或警告。又如,蓝色在西方常与平静和专业性关联,在某些东方文化中则可能引发忧郁或冷漠的情绪反应。因此,美学设计师在国际环境中工作时必须特别注意色彩选择,确保设计不仅在美学上吸引人,还要在文化上具有敏感性和适应性,以满足全球化视觉传达的需求。

色彩对比与和谐在视觉传达中的作用 色彩对比与和谐是创造视觉冲击力和视觉舒适度的重要工具。高对比度的色彩组合可以吸引注意力和突出重点,和谐的色彩搭配则使得整体设计更加愉悦和统一。

● **注意事项**

在学习线条的视觉心理效应时,学生应重点理解不同线条方向、类型和粗细如何影响情绪和视觉焦点以及它们如何在设计中传达稳定性、动力或和谐。面临的主要难点包括平衡对比与调和元素、考虑文化差异对线条象征意义的影响以及如何根据求美者需求进行个性化设计。

四、人体美学与设计法则的具体应用

在实际的美学设计过程中,作为美学设计师,我们需要运用一套科学且系统的方法来分析和解决求美者面临的外貌改善问题。以下是一些关键方法论,旨在帮助王强在外貌形象改善过程中,既保持个性,又符合人体美学的设计法则。

(一)平衡变化与统一:个性化设计的核心

1. 方法论

在设计王强的外观时,设计师首先要确保在变化与统一之间找到平衡。王强的外貌变化应体现出与其生活方式和职业特点相符的个性,而又要确保整体形象的协调统一,不突兀、不失和谐美感。

2. 应用案例

作为一名城市网约车司机,王强的工作环境要求他穿着方便、舒适的服饰。因此,在服饰搭配上,设计师可以选择简洁、耐用且富有设计感的款式,同时通过细节(如颜色搭配、配饰选择等)为其增添个性特征。例如,可以选用深蓝或灰色为主色调,搭配明亮的配件或小面积图案设计,避免过于鲜艳的颜色而影响职业形象,又能体现出王强的活力与年轻气息。

(二) 对比与调和：视觉冲击与整体和谐

1. 方法论

设计中，适当的对比可以增强视觉冲击力，但过度的对比会导致视觉疲劳。因此，设计师需要在对比与调和之间进行巧妙地把控，确保设计既具有视觉吸引力，又不失和谐感。

2. 应用案例

王强的外貌改善可以通过服饰的线条、色彩和图形来实现视觉对比。例如，王强可以选择一件简单的黑色夹克，通过内搭或配饰上的明亮色彩来打破单调，在视觉上既有冲击力又不失整体统一感。同时，面部设计的部分可以通过修饰胡须、发型以及脸部轮廓的调整，达到柔和而又不失层次感的效果，从而实现面部美学的调和。

(三) 线条、形状与色彩的心理效应：优化情感表达与视觉效果

1. 方法论

线条、形状和色彩的选择直接影响人们的视觉感知与情感反应。美学设计师需要运用视觉心理学原理，巧妙选择能够增强情感表达的设计元素，创造具有吸引力和影响力的外观形象。

2. 应用案例

在王强的外形设计中，线条和色彩的选择至关重要。例如，王强的肩部宽阔，可以采用垂直线条的设计（如直筒裤、竖条纹衬衫等）来增强其身形的挺拔感，达到修饰身形的效果。在颜色选择上，温暖的色调（如棕色、深红）能够传递出成熟稳重的情感，较为明亮的色彩则能够展现其活力和朝气，从而满足王强对形象变化的情感需求。

● **注意事项**

在参与设计练习时，请确保充分理解并准确应用相关的设计原理，特别是对称性、比例关系和平衡。注意细致观察和分析每个设计元素的影响，以确保最终效果的和谐性。同时，积极参与小组讨论和评议，这不仅能帮助你获得宝贵的反馈，也能加深你对设计原理的理解和运用。

以下是人体美学与设计法则应用实施步骤（图3-2-5）。

1. 需求分析与个性化目标设定

内容：与王强进行详细面谈，美学设计师了解其职业背景、生活方式、性格特征以及对外貌改进的具体需求。根据这些信息，明确设计目标，如通过外观设计突出王强的活力与职业感，同时保持其个性特色。

关键点：王强是城市网约车司机，工作要求舒适与实用，因此设计需兼顾专业感与个性化。

2. 平衡变化与统一的设计框架

内容：根据个性需求，美学设计师需确保在变化与统一之间找到平衡。例如，选择适合

王强职业特点的简洁、耐用的服饰,同时通过细节上的变化(如配饰、小面积图案设计)为其形象增添活力与个性。

关键点:服装色调选择深蓝或灰色等沉稳色系,辅以明亮的小配件,避免过于鲜艳但能体现年轻气息。

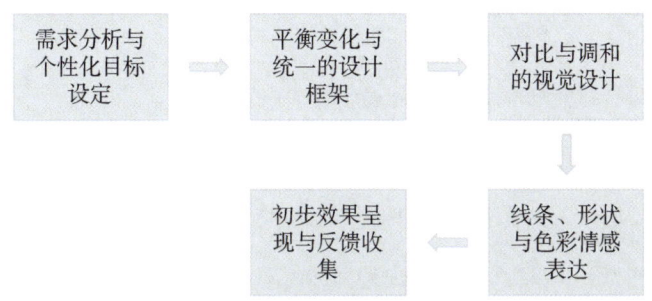

图3-2-5 人体美学与设计法则应用实施步骤

3. 对比与调和的视觉设计

内容:通过对比与调和的设计手法,增强视觉吸引力。王强的服饰可以通过线条、色彩及图案的对比来体现出层次感,而面部设计可以通过发型修饰与胡须调整来达到和谐的整体效果。

关键点:在服饰设计中,黑色夹克搭配亮色配饰以打破单调,在面部设计上通过发型与面部轮廓的微调,提升整体和谐美感。

4. 线条、形状与色彩情感表达

内容:运用线条、形状与色彩的心理效应,优化王强的身形与情感表达。例如,采用垂直线条设计(如直筒裤、竖条纹衬衫等)增强其身形挺拔感,同时使用温暖的色调(如棕色、深红)传递成熟稳重的气质。

垂直线条修饰王强身形,温暖色调传递成熟稳重,同时增加活力色彩传递年轻气息。

5. 初步效果呈现与反馈收集

内容:根据设计方案,进行初步的效果展示。通过模拟效果图、试穿等方式,王强亲身体验设计效果,美学设计师根据其反馈进行必要的调整,确保设计既符合美学法则,又满足其个性需求。

关键点:王强的反馈将成为优化设计的基础,确保设计方案最终符合其个性与舒适度要求。

本任务着重评估美学设计师如何在实际项目中理解和应用人体美学与设计法则。评价过程中,会通过理论测试、案例分析和设计项目评审等方式,考查美学设计师对美学法则的掌握情况,尤其是对对称、比例关系、平衡等概念的理解,以及如何将这些原则融入设计中。在设计项目的评价中,美学设计师关注创意的创新性和技术实施的合理性,确保设计方案既符合美学要求,又具备市场适应性(表3-2-1)。

表 3-2-1 人体美学与设计法则应用总测评表

序号	评价内容	评 价 要 点	分值	学生自评	导师评价	备注
1	理论知识掌握	对人体美学基本原则的理解和应用能力	20			
2	设计实践应用	创新性和技术实践的能力	20			
3	案例分析能力	分析和评价实际设计案例中的应用	20			
4	数据分析与应用	收集和分析数据,识别设计趋势	15			
5	社交模拟与反思	在模拟环境中的表现及后续反思总结	15			
6	综合与创新能力	将所学应用于创建具有创新性的设计方案	10			
	合　计		100			

延展思考

当前和未来技术(如虚拟现实、人工智能)将如何影响人体美学的应用?这些技术可能会如何改变我们对美学原则的理解和应用?

(曹晨、王珮)

任务三　人体美学相关设计工具使用

学习目标

1. 掌握美学设计工具的类型及其适用范围,了解每种美学设计工具的使用方法及注意事项。
2. 学习规范有效地使用测量工具,确保测量过程的准确性和安全性。
3. 培养精确测量和数据记录的习惯,采取实事求是的态度。

情景导入

李小姐,25岁,近期在求职市场上屡遭挫败。尽管她具备优秀的专业能力和教育背景,但在面试过程中常因外表给人的第一印象不足而失利。决定对此做出改变的李小姐来到一家知名的医美机构寻求专业的美学设计服务。在医美机构,美学设计师建议李小姐进行一系列的面部和着装改善,以增强她的职业形象和自信心。此过程中,美学设计师运用了专业的美学设计工具进行精准测量,确保每一项改善方案都能最大程度地符合李小姐的个人特征和职业需求。

思考:在李小姐的案例中,作为现场接待的美学设计师,如何专业地使用美学设计工具,确保制定的改善方案安全可靠?

 任务分析

本任务聚焦于美学设计中常用测量检测工具的应用。美学设计师将学习工具的基本原理、选择与操作技能。通过真实案例,掌握如何根据项目需求选择合适工具,优化设计质量与效率。学习任务包括实际操作练习与项目模拟,帮助美学设计师熟悉工具使用并提升项目管理与数据分析能力。最终,美学设计师将能够在实际工作中准确应用测量工具,为设计决策提供数据支持,增强职业生涯中的沟通与决策能力。

学习活动一:传统美学设计工具的使用

 相关知识

一、有效沟通与精准测量

美学设计的核心在于与求美者的有效沟通。通过专业的分析和评估,结合求美者的具体需求,量身定制个性化的改善方案(图3-3-1)。在这一过程中,如李小姐案例所示,熟练使用各种测量工具和检测设备至关重要。使用的工具包括但不限于直尺、软尺、游标卡尺、眼睑测量器及角度测量器等。这些工具不仅帮助美容顾问精确评估李小姐的面部特征,也为设计方案提供了科学、精确的数据支持。

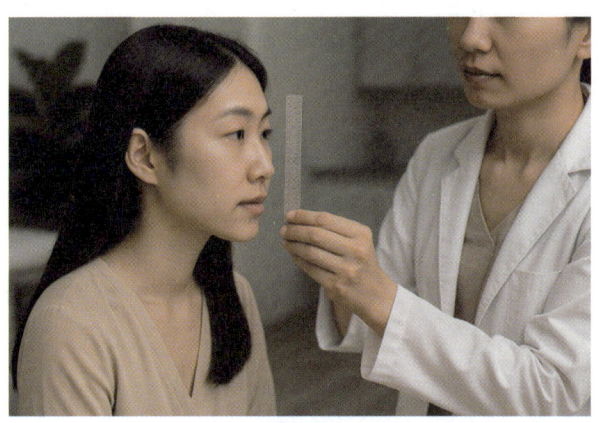

图3-3-1 美学设计的工作情景

通过这些精确的测量,我们可以确保美容方案的专业性、安全性和效果的可量化性。每一个数据点都有助于精细调整美容方案,确保每一步改进都符合求美者的期待和身体特征,

从而有效提升其职业形象和自信心。

二、测量操作的关键注意事项

在美学设计与测量过程中,确保操作的安全性和准确性至关重要。以下是执行测量任务时的一些关键注意事项。

(一)工具消毒

使用眼睑测量器前,必须彻底消毒,以防止交叉感染。这一步骤对于维护求美者的安全以及确保测量环境的卫生至关重要。

(二)操作注意

使用测量工具时,动作应轻柔,避免划伤或压迫眼睑,防止影响测量结果的准确性或对眼部造成不必要的伤害。

(三)避免接触眼球

测量工具不得直接接触眼球,以免对眼球造成损伤。

(四)光线充足

确保测量环境光线充足,这对于准确读取测量数据非常重要。

(五)观察反应

在测量过程中,需密切观察被测者的反应。如果李小姐等求美者在测量时出现不适或疼痛,应立即停止测量并进行适当处理。

三、常用测量仪器使用方法

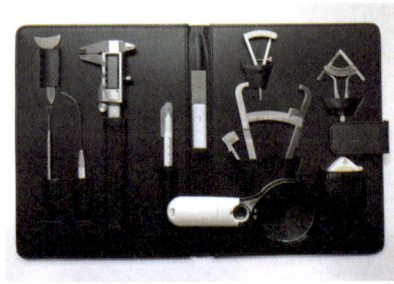

图 3-3-2　美学设计专用工具包

美学设计专用工具包(图3-3-2)是专为面部美学设计的专用工具,内含多种精密测量工具,帮助专业人员对面部特征进行精确测量和记录。工具包内的设备,如直尺、游标卡尺、BMI卷尺、眼用规、脂肪夹和鼻测量器,均为精确测量面部各部分设计,广泛应用于医学美容、整形手术、人体工程学及艺术设计等领域。这些工具支持综合面部特征分析,帮助进行美学与功能性设计的决策。例如,眼用规可用于精确测量眼距,评估面部对称性;脂肪夹则用于测量面部脂肪层厚度,尤其适用于美容和医疗评估。工具的组合不仅优化了操作体验,还确保数据收集的精确性和一致性,这对形式美学评估及制定合理美容方案至关重要。

(一)直尺测量

用途:直尺主要用于测量面部或身体局部的直线距离,例如额头的宽度或下巴的长度(图3-3-3)。

测量方法:

(1)选择刻度清晰、无磨损的直尺以保证测量

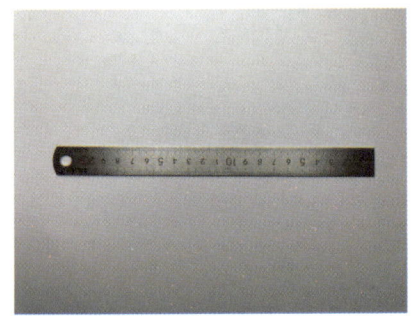

图 3-3-3　直尺

精度。

（2）将直尺的零刻度与测量起点精确对齐。

（3）确保直尺与测量部位保持平行，并从视线垂直于尺子刻度的角度进行读数，以避免视差错误。

重复测量至少两次以验证数据的一致性。

（二）BMI 卷尺

用途：BMI 卷尺适用于测量身体各部位的曲线长度，如腰围、臀围和胸围等，是评估个体体型和健康状况的重要工具（图 3-3-4）。

测量方法：

（1）确保卷尺平整，无任何扭曲、拉伸或变形，以防影响测量结果的准确性。轻轻地将卷尺围绕所需测量部位，如腰部，确保卷尺紧贴皮肤但不造成压迫，保持卷尺水平。

（2）在卷尺的交叉点处读取刻度值，记下测量数据。

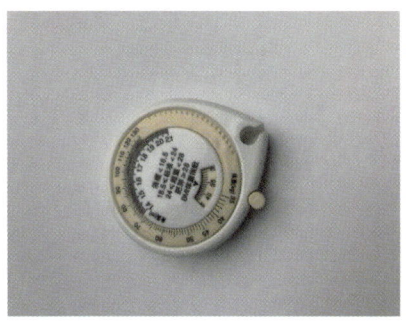

图 3-3-4 BMI 卷尺

（3）测量体重，并记录。使用公式计算 BMI：BMI＝体重（公斤）÷身高（米）^{2}。

（4）分析 BMI 值，判断个体是否处于健康的体重范围（通常在 18.5～24.9 为正常）。

（三）游标卡尺的应用

用途：游标卡尺用于精确测量较小的长度、宽度、深度和厚度，适用于精细部位如鼻部的宽度等。

测量方法：

（1）在使用前检查游标卡尺的主尺和游标刻度是否清晰，确保零位准确对齐。

（2）使用外测量爪来测量物体的外部尺寸，内测量爪用于测量内部尺寸。

（3）在测量时，轻轻滑动游标至测量爪与被测物体良好接触，确保读数的精确性，从主尺和游标上对齐的刻度值中读取结果。

（四）眼用规的使用

用途：专门用于测量眼睑的长度、宽度和弧度等。

测量方法：

（1）被测者应保持放松状态，平视前方。

（2）将眼用规的测量端轻轻放置在眼睑上，避免施加压力。

（3）根据眼用规上的刻度和标记精确测量各项参数。

（五）鼻测量尺的应用

用途：用于测量鼻与面部相邻部位所形成的夹角，如鼻面角、鼻额角、鼻唇角等（图 3-3-5）。

测量方法：

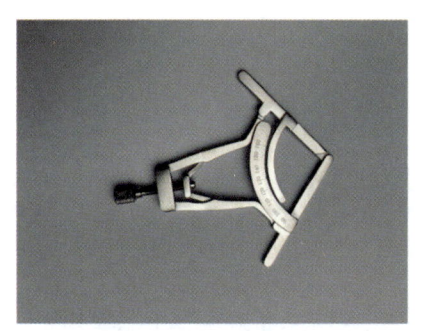

图 3-3-5 鼻测量器

(1) 被测者保持直立和放松状态。

(2) 将鼻测量尺的尖端放置在鼻底点或转折处,旋转旋钮直到尺的边缘与鼻部组织接触。

(3) 精确读取并记录刻度值。

(六) 脂肪夹的使用

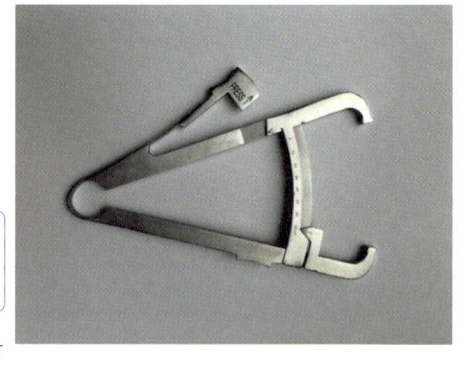

图 3-3-6 脂肪夹

3-1 医美测量设计工具的使用

用途:用于测量提起的皮褶厚度,评估皮下脂肪的多寡,进而计算体脂率(图 3-3-6)。

测量方法:

(1) 在腹部、大腿、肱三头肌、髂前上棘等部位捏取皮肤皱褶,皱褶间距保持约 8 cm。

(2) 牵拉皮肤皱褶,确保肌肉略微绷紧,避免夹到肌肉。

(3) 使用脂肪夹垂直夹住皮肤皱褶,确保锁扣处箭头对齐,读取并记录皮褶厚度。

(4) 重复测量数次以获取平均值,以提高数据的可靠性。

美学设计工具使用的实施步骤如图 3-3-7 所示。

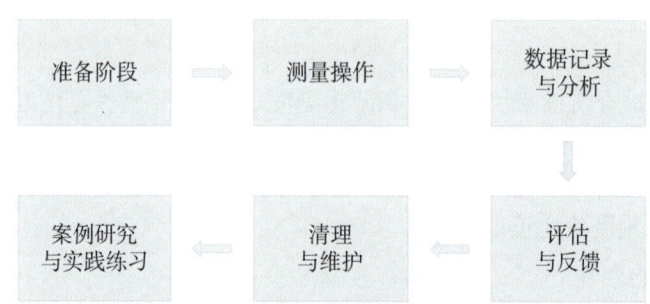

图 3-3-7 美学设计工具使用的实施步骤

1. 准备阶段

(1) 工具准备:确保测量工具(如直尺、游标卡尺、BMI 卷尺、眼用规、脂肪夹、鼻测量尺)完整且功能正常。检查工具的清洁度和校准状态。

(2) 环境设置:设置光线充足、通风良好的测量环境,确保无干扰,并为李小姐提供舒适的测量体验。

(3) 被测者准备:清楚说明测量目的、步骤和预期结果,确保李小姐理解并同意进行测量。

2. 测量操作

(1) 尺子和游标卡尺使用。

直线测量:使用尺子测量如额头宽度等直线距离。

精细测量:使用游标卡尺测量鼻部宽度等精细部位。

(2) BMI 卷尺使用。

曲线测量:使用 BMI 卷尺测量腰围、臀围等曲线部位,并记录数据。

(3) 特殊工具使用。

眼用规:精确测量眼睑长度和弧度。

鼻测量尺:测量鼻面角等。

脂肪夹:测量体脂和皮褶厚度。

3. 数据记录与分析

记录数据:每次测量后,立即记录测量值。使用电子设备或纸质表格确保数据的准确记录。

数据分析:分析收集的数据,评估美学和健康指标,可通过软件或手动计算,如 BMI 值计算。

4. 评估与反馈

结果评估:根据测量结果,由美学设计师评估美学和健康状况。

提供反馈:向李小姐提供详细的测量结果和改进建议,讨论改善方案和未来行动计划。

5. 清理与维护

工具清理:测量结束后,清洁并消毒所有使用过的工具。

工具存储:将工具安全存放,以备下次使用。

6. 案例研究与实践练习

案例分析:通过分析实际案例(如李小姐的案例),讨论测量工具的实际应用及操作挑战。

实践操作:安排模拟项目,操作所有测量工具,探索操作技巧和注意事项。

任务评价

在本任务中,重点考察人体美学与设计工具的应用,特别是传统测量工具的正确使用以及如何将美学原则融入实际设计过程中。在评价学习成果时,将聚焦于美学设计师对工具的掌握情况、设计法则的应用深度、实际操作技能的表现以及在设计过程中创新思维的展现(表 3-3-1)。

表 3-3-1 人体美学相关设计工具总评测表

序号	评价内容	评 价 要 点	分值	自评	导师评价	备注
1	工具准备、使用及工具整理	测量工具的准备是否规范,使用是否准确,操作是否符合要求	35			
2	数据记录与分析	数据记录是否准确、清晰,分析结果是否与预期一致	20			
3	实际操作与执行	实际操作是否熟练,执行过程是否流畅	20			

(续表)

序号	评价内容	评价要点	分值	自评	导师评价	备注
4	理论理解与应用	理解测量工具的理论基础,并能在实际中有效应用	10			
5	自我评价与反思	在操作和设计后,能否进行有效的自我反思,并提出改进措施	10			
6	综合与创新能力	将所学应用于创建具有创新性的设计方案	5			
	合 计		100			

延展思考

在测量过程中,如何确保数据的准确性?不同工具的精度如何影响最终的设计结果?

学习活动二:数字技术在测量与设计中的应用

相关知识

在数字技术的推动下,人体美学分析与设计领域已取得显著进展。现代相机技术,通过先进的透镜系统精确控制光线折射和聚焦,显著提升图像的清晰度和亮度。感光元件,如CCD或CMOS传感器,将光信号转换为电信号,并生成高分辨率数字图像。这些技术不仅提高了图像质量,还支持了实时数据传输和远程访问功能,大大拓展了其在人体美学分析中的应用。

此外,人工智能和3D图像采集技术的结合,为现代美学分析与设计领域带来了创新的变革。这些技术让相机不仅能够进行高级图像分析,如自动面部识别、三维立体成像,还包括肤色分析等功能,这些在整形美容和容貌美学设计中显得尤为重要。例如,基于求美者的面部图像,AI能够提供定制化的美学建议,从而优化治疗方案。此外,AI通过分析大数据来把握美学偏好,这一点对美容产品的开发尤其有指导意义。

这些技术的运用不仅提升了效率和精度,也使专业人员能更深入地理解求美者需求,提供更定制化的美学解决方案。这些进步不仅标志着技术和艺术的融合,也推动了人体美学领域的发展。

一、数码照相机、摄像机

当前常用的图像采集设备主要包括数码照相机、数码单反照相机和摄像机(图3-3-8)。随着技术的发展,机械式照相机已逐渐退出市场,取而代之的是像素和功能不断提升的数码相机。这些设备不仅能够提供更清晰的图像,还支持多种功能,使得在分析问题和展示治疗效果时更加高效和准确。

图3-3-8 照相机、摄像机采集图像

二、人工智能和3D图像采集技术

人工智能和3D图像采集技术(图3-3-9)在人体美学分析与设计领域扮演着关键角色,尤其在医疗美容、人物形象设计和服饰搭配方面表现突出。在医疗美容领域,通过高精度的3D扫描和AI分析,医生能够获取患者面部或身体的精确三维模型,进而制定更加符合个人需求的治疗和美容方案。在人物形象设计方面,AI辅助的图像分析能够评估个人的色彩偏好和形态特征,提供定制化的造型和妆容建议。此外,服饰搭配通过AI的模式识别和3D模拟技术,实现了服装样式与人体比例的精准匹配,帮助设计师和用户挑选或定制服装,确保最佳的视觉效果和舒适感。这些技术不仅显著提高了美学设计的精确度和个性化程度,也大幅提升了用户体验和满意度。

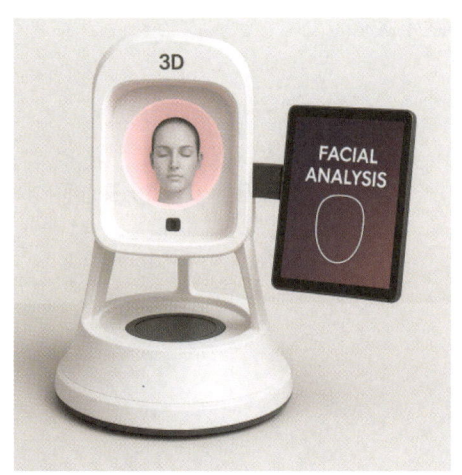

图3-3-9 3D照相机

三、数字技术测量与分析的关键注意事项

(一) 设备选择与配置

(1) 选择适合的数字设备,如数码相机、单反相机或摄像机,确保其具备高分辨率和高动态范围的图像捕捉能力。

(2) 校准设备时,务必保证色彩准确性和光学性能达到人体美学分析的要求。

(二) 环境与条件设置

(1) 在进行测量和分析之前,确保测量环境的光线条件稳定,避免直射光线或反光影响图像质量。

(2) 尽量减少背景干扰,使用单色或低干扰背景,提升图像分析的准确性。

(三) 操作规范与安全

(1) 操作人员应熟悉设备使用手册,并遵循制造商的操作和安全规范,以防止设备损坏或数据丢失。

(2) 操作高精度设备(如 3D 扫描仪)时,确保设备稳定,调整好扫描角度,避免因设备摆动或错位导致数据不准确。

(四) 数据保护与隐私

(1) 处理个人美学分析数据时,应严格遵守数据保护法律,确保被测者的隐私得到妥善保护。

(2) 采用安全的数据存储与传输方法,防止未授权访问或数据泄露。

(五) 技术更新与维护

(1) 定期更新设备软件和硬件,确保利用最新技术改进和安全修补,使设备长期稳定地支持美学分析工作。

(2) 定期进行设备维护和检查,及时处理可能出现的技术问题,以避免设备在关键时刻发生故障。

数字工具使用的实施步骤如图 3-3-10 所示。

图 3-3-10 数字工具使用的实施步骤

1. 准备阶段

确认所使用的数字设备(如数码单反相机、3D 扫描仪、AI 辅助分析系统等)已完全充满电、功能正常,并处于校准状态。

(1) 测量环境调试:选择光线均匀的环境,避免过亮或过暗的情况。最好在自然光下进行,或使用补光灯确保均匀照明;设置简洁的背景(如白色背景)以避免杂乱背景对图像采集的干扰,确保拍摄对象清晰可见。

(2) 邀请求美者准备:向李小姐解释测量过程,确保他们理解步骤,并使其处于放松的状态;对李小姐进行基本的调整,如站直、自然放松或保持特定的面部表情,以确保测量的准确性。

2. 测量操作

使用高分辨率数码相机或 3D 扫描仪,对李小姐面部进行多角度采集;采用固定视角拍摄(如正面、侧面和 45°),确保每次测量都能捕捉到一致的角度;使用人工智能辅助工具进行面部识别,自动识别面部特征点(如眉骨、鼻尖、下颚线等),生成面部三维模型。

3. 数据处理与分析

(1) 图像与数据处理:将采集到的图像导入专业图像处理软件或 AI 系统,通过滤波、修正等操作,提高图像的清晰度和细节对比度;使用 3D 建模软件生成精确的面部或身体模型,通过 AI 算法自动分析肤色、形态及其他美学指标。

(2) 结果分析:利用 AI 生成的定制化建议,结合测量数据,提供详细的美学分析报告。报告可包括面部对称性、皮肤状态、身体比例等关键美学要素;通过与李小姐进行结果解释,帮助她理解数据,并根据测量结果推荐个性化的美学设计方案(如手术方案或美容建议)。

4. 反馈与改进

(1) 结果评估与求美者反馈:向李小姐提供测量和分析的结果,收集反馈,了解她对建议方案的满意度;讨论未来可能的改进方案,并根据反馈对现有方案进行调整。

(2) 数据保存与隐私保护:将所有测量数据安全存储,确保数据的完整性和李小姐隐私得到保障;对所有数据进行备份,并在美学设计中参考使用。

任务评价

本评价体系从理论知识、实际操作、数据分析、创新应用和团队协作五个维度综合考核美学设计师的能力。通过书面与口头测试评估理论掌握情况,通过操作设备的规范性和准确性评估实际操作能力,利用图像处理与 AI 工具考察数据分析能力,创新应用部分则衡量方案调整与技术创新,团队协作能力通过团队项目和求美者沟通来评估。该体系旨在全面反映设计师的学习进展,促进自我反思与改进,确保其具备全面的专业技能,提升在美学设计领域的竞争力和职业发展潜力(表 3-3-2)。

表 3-3-2 人体美学与设计法工具总测评表

序号	评价内容	评价要点	分值	学生自评	导师评价	备注
1	理论知识掌握	对数字技术在美学设计中应用的原理、工具及技术的理解能力	20			
2	实践操作应用	在使用数码相机、3D 扫描仪等设备进行测量时的准确性和熟练度	20			
3	数据处理与分析能力	使用 AI、图像处理软件及大数据分析工具进行数据处理、解读和应用的能力	20			
4	创新能力与灵活性	灵活应用数字技术解决实际问题,展示出创新思维及技术应用的灵活性	15			
5	团队协作与沟通	与团队成员高效合作完成测量任务,并与求美者进行有效沟通	15			

(续表)

序号	评价内容	评价要点	分值	学生自评	导师评价	备注
6	结果评估与反馈	对测量与分析结果的准确性评估，并能提供专业的反馈与改进建议	10			
	合 计		100			

延展思考

人工智能与3D技术已经在医学美容和人体美学设计领域取得了广泛应用。未来，这些技术如何可能与虚拟现实（VR）和增强现实（AR）技术结合，进一步提升人体美学的设计与应用？

（杨加峰、李凌霄）

单元四　头面部美学分析与设计

　　本单元的核心目标是掌握头面部美学知识的实际应用,培养专业分析和设计不同头面部美学问题的能力,并建立标准化服务流程和操作规范。学习任务紧密对接美容咨询岗位的服务项目,涵盖分析评估标准、评估方法、设计方案依据及相关项目的专业知识与技能。学习目标基于岗位的职业能力要求制定,学习内容则根植于真实工作场景和实际操作,引导学生以严谨、科学的态度,遵循行业标准和规范,为求美者提供科学、和谐且符合其个人审美需求的解决方案。

学习导航

- 头面部美学分析与设计
  - 面部轮廓美学分析与设计
    - 面部轮廓的评估
      - 面部轮廓概述
      - 面部轮廓美学要素
      - 面部轮廓美学标准
      - 面部比例评估方法
    - 面部轮廓的设计
      - 面部轮廓美学方案的设计要点
      - 面部轮廓美学需求定位
      - 面部轮廓设计路径
  - 眼部美学分析与设计
    - 眼部美学的评估
      - 眼部的美学特征
      - 眼部的美学因素
      - 眼部的美学标准
      - 眼部比例测量实施方法
    - 眼部美学的设计
      - 眼部美学方案的设计要点
      - 眼部美学设计路径
  - 鼻部美学分析与设计
    - 鼻部美学的评估
      - 鼻部结构基础
      - 鼻部的分类与特点
      - 鼻型的美学评价标准
      - 鼻部测量实施方法
    - 鼻部美学的设计
      - 鼻部美学方案的设计要点
      - 鼻部美学设计路径
  - 唇部美学分析与设计
    - 唇部美学的评估
      - 唇部美学基础
      - 唇部美学解剖与结构
      - 唇部美学标准
      - 唇部美学评估实施方法论
    - 唇部美学的设计
      - 唇部美学方案的设计要点
      - 唇部美学需求定位
      - 唇部美学设计路径

任务一　面部轮廓美学分析与设计

1. 理解面部轮廓的比例与基本构成原理。
2. 掌握面部轮廓的美学评估方法与设计策略。
3. 能够基于科学依据,尊重个体差异与美学规律,体现严谨的科学精神。

张女士,45岁,身高166 cm,体重58 kg,是一位拥有多年市场营销经验的职业女性(图4-1-1)。她的日常工作环境主要以商务和社交场合为主,生活节奏紧张,常常需要参加各类会议和外部活动。因此,她对外在形象有较高的要求,希望通过面部轮廓展现出一种专业、自信并且具有亲和力的气质。

图4-1-1　求美者张女士

从面部特征来看,张女士的脸型呈椭圆形,整体比例和谐。然而,她认为自己的颧骨略显突出,尤其是在某些角度下显得稍显"强势",缺乏柔和感。此外,她对下巴线条不够紧致感到不满,尤其是在侧面观时,脖子和下巴的过渡不够流畅。尽管如此,她的皮肤基础状态良好,虽有轻微松弛和法令纹,但肤质细腻健康,脸部无明显色斑等问题。

在面部轮廓的美学评估与设计中,面部轮廓不仅仅是五官的背景,更是影响整体面部美

感的关键因素。面部轮廓传达了丰富的视觉审美信息,在人际交往中,其往往成为给人留下审美印象的首要因素。协调、自然的面部轮廓容易传递出亲和、和谐的视觉感受。通过系统学习面部轮廓的美学评估与设计方法,我们可以为像张女士这样的求美者量身打造出既符合她职业需求又契合个人生活方式的健康、自然的美态。

在本任务中,我们将深入探讨面部轮廓造型设计的关键标准,尤其是如何为像张女士这样对面部轮廓有特定期望的求美者提供个性化的设计方案。我们将通过精准的测量方法,深入了解面部结构和比例,掌握评估与设计的美学标准,为后续设计方案提供科学的数据支持。

学习活动一:面部轮廓的评估

相关知识

一、面部轮廓概述

人的面部轮廓由多种骨骼结构和皮肤组织共同构成,虽然个体之间的细微差别导致容貌各异,但这些差异也存在某些共性规律。几乎没有两个人的面部轮廓完全相同,但在某些特征上仍有规律可循。面部轮廓不仅影响外貌特征,还能在一定程度上反映出个人的学识、能力、气质与性格等内在特质。面部轮廓的变化不仅受先天遗传因素影响,后天的生活习惯、饮食结构以及面部肌肉的张力也会对其产生一定作用。张女士由于工作压力和生活节奏的加快,可能导致面部肌肉紧张,进而影响整体轮廓的流畅度。此外,随着年龄的增长,皮肤逐渐松弛,脂肪分布发生变化,这也是她下颌线不够紧致的原因之一。正是这种动态变化,才使得面部轮廓成为审美分析中的重要因素。正因为面部轮廓具有明显的视觉表达性、多样性与相对准确性,才成为人们审美关注的焦点。

二、面部轮廓美学要素

(一)面部轮廓美学要素——骨骼

面部的轮廓受多种骨骼的影响,包括额骨(前额)、眉弓、颞骨(太阳穴)、鼻骨、颧骨和下颌骨等,这些骨骼共同决定了不同的脸型(图4-1-2)。头面部骨骼由额骨、顶骨、枕骨、鼻骨、颧骨和下颌骨等组成,整体上可以分为两大类:脑颅骨(头盖骨)和面颅骨(颜面骨)。脑颅骨主要保护脑组织,而面颅骨则构成面部的基础结构。

(二)面部轮廓美学要素——肌肉

面部肌肉分为两大类:表情肌和咀嚼肌。表情肌主要分布在口、眼、鼻等面部开口的周围,分为环形肌和辐射肌两种。环形肌能够收缩开口,而辐射肌则可以扩大这些开口。表情肌还可以牵动面部

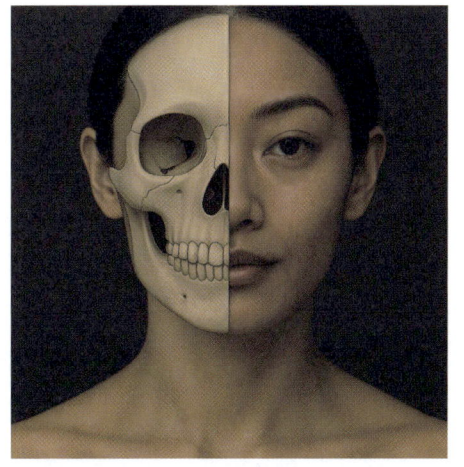

图4-1-2 面部轮廓结构示意图

皮肤,生成各种情感表情,如喜、怒、哀、乐等。具体的面部肌肉包括皱眉肌、眼轮匝肌、鼻肌、提上唇肌、口轮匝肌、降口角肌和降下唇肌等。面部肌肉的运动不仅影响表情,还直接影响面部轮廓的变化。因此,理解面部肌肉的位置、功能及走向对于进行面部轮廓的评估和设计具有重要的指导意义,能够帮助我们为求美者提供更加精准和个性化的美学设计。

> **知识链接**
>
> 1. 脑颅骨(头盖骨):由额骨、顶骨、枕骨、颞骨构成。因人种的不同,脑颅骨的构造也不同,但不会因年龄因素有所差异。
> 2. 面颅骨(颜面骨):由颧骨、鼻骨、下颌骨、上颌骨构成。面颅骨与脑颅骨不同,它会随着年龄的增长而发生改变。

三、面部轮廓美学标准

我们常常夸奖一个人的容貌端正,其实就是指人的面部轮廓形态比例协调匀称。

美学设计师对求美者面部比例的掌握是非常重要的,在了解各种面部形态之前,必须先熟悉面部结构的标准比例。

> **知识链接**
>
> 面部长度(从发际线到下巴底部)与面部宽度(颧骨最外缘之间)的比例为1.618∶1,称为面部的"黄金比例"。
>
> 五官比例通常以"三庭五眼"衡量。"三庭"指面部纵向长度的三等分:上庭(发际线到眉头),中庭(眉头到鼻翼底部),下庭(鼻翼底部到下巴)。理想状态下,这三部分各占全脸长度的1/3。"五眼"是指脸部宽度的划分,理想宽度等于五只眼睛的宽度。两眼之间的距离与一只眼的宽度相等,眼睛外侧至发际线边缘的距离同样为一只眼的宽度。

准备一把皮尺互相测量面部的宽度和长度,你会发现每个人的面部轮廓比例存在显著差异。这种差异源自个体面部特征的独特性。通过这些测量数据,我们能够准确评估面部轮廓的整体比例与平衡,进而分析是否存在不对称或比例失衡的问题,尤其是与美学标准的要求进行对比。

在案例研究中,类似张女士这样的求美者,面临的问题可能包括下颌线松弛或颧骨略显突出等,这些都是面部轮廓评估的重要部分。通过精准的测量,我们可以更好地了解她的面部特征,判断是否存在比例不协调的问题,并制定个性化的美学优化方案。每个人的面部比例特点不同,因此在评估过程中,需要结合整体面部形态,综合分析个体化的美学需求。

4-1 面部轮廓与五官的美学分析

四、面部比例评估方法

(一)工具测量法

面部轮廓相关的线条、比例的主要测量方法有直接测量法和间接测量法。直接测量法,可以使用直尺,在求美者面部测量;间接测量法,在求美者允许的条件下,拍摄全正面头像照,使用测量工具对头像照进行测量且计算,并间接完成顾客面部比例的测量工作。

在测量"三庭"的时候,需要用皮尺在额头中部发际线到眉头点连线,眉头点到鼻底线连线和鼻底线到颏底线连线。我们通过测量面部三庭长度,可以计算其比例关系。五眼是指左眼外眼角到左侧发际线边缘、左眼内外眼角之间、左右眼内眼角之间、右眼内外眼角之间及右眼外眼角到右侧发际线边缘的5个部分(参见面部比例AR,请扫二维码和图片)。同样,我们通过测量面部五眼之间的间距,可以计算五眼实际的比例关系;面部轮廓大的长宽比例都需要用皮尺,用垂直、水平的测量方式反复比较,获得准确的数据。

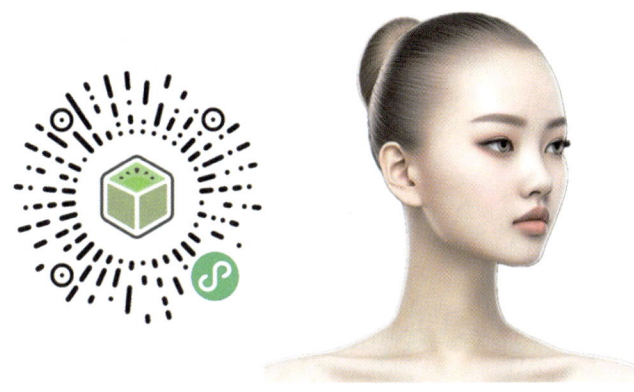

面部比例AR

● 注意事项

由于面部具有立体结构,为了减少测量误差,在采用直接测量法时,必须确保皮尺在水平或垂直方向上保持平整。此外,除了"三庭五眼"的比例标准外,面部的长宽比例同样至关重要。理想的面部长宽比例为1.618∶1。因此,在测量面部数据时,应同时记录并计算实际的长宽比例,以确保结果的准确性和参考价值。

(二) 观察测量法

通过仔细观察,可以将不同的脸型与几何图形进行联想和分类。例如,脸型可以分为椭圆形、长方形、方形、圆形、正三角形、倒三角形以及菱形等。有些脸型可能是由两种或多种几何图形混合而成,这是一种观察脸型的基本技巧。除了联想形状,还需要运用目测法,结合垂直线与水平线的素描观察法,来判断脸型的整体长宽比例、三庭五眼的黄金比例以及正面与侧面轮廓线的形态。通过观察轮廓线的曲直程度及其流畅度,可以进一步细化脸型特征的判断。

任务实施

面部轮廓评估实施步骤如图4-1-3所示。
1. 实训准备
准备观察工具(如照明镜)、测量工具(如卡尺、比例尺)、记录工具(如记录表、电子记录设备)。
2. 初步评估
美学设计师通过目测对张女士的面部轮廓进行初步评估,确定整体轮廓的主要特点及

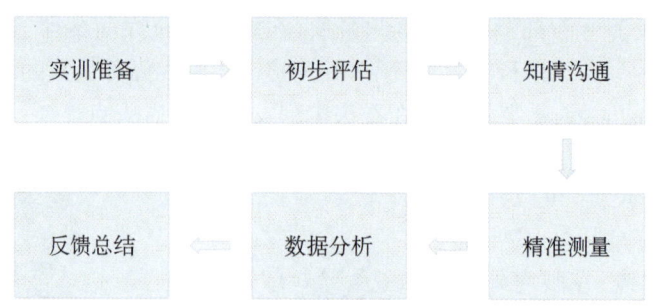

图 4-1-3 面部轮廓评估实施步骤

改善方向。

3. 知情沟通

美学设计师在进行测量前,需向张女士详细解释即将实施的测量步骤,并获得其明确同意。

4. 精准测量

使用专用工具依次测量面部正面轮廓的整体及局部比例,包括侧面轮廓。一只眼睛的长度、两眼间的距离、眼睛外侧至同侧发际线的距离等具体参数均需详细记录在张女士信息表上,确保数据的准确性和客观性。

5. 数据分析

根据测量结果,填写张女士信息表,并对收集的数据进行分析,得出与面部轮廓相关的结论(表4-1-1)。

表 4-1-1 用户信息登记表

分类	面轮廓整体			面轮廓局部		
类目	形态	比例	整体线条	三庭	五眼	局部线条
基本情况						
评估结论						

6. 反馈总结

美学设计师依据分析结果,与张女士沟通面部轮廓测量的最终结论。

面部轮廓评估的任务评价将关注美学设计师的综合能力。评价将涵盖美学设计师是否能够准确选择与运用工具,确保测量的精准性;是否能够捕捉面部轮廓的关键特点并提出合理的改善建议;在数据分析时,是否具备创新性思维,从测量数据中提炼出有效的美学信息以及是否能通过清晰、有效的沟通,将评估结果与求美者进行有效反馈,确保双方理解一致并提供个性化的优化方案。此外,美学设计师的操作规范性与细节关注度也是重要的评价标准,确保每一步工作都科学严谨(表4-1-2)。

表 4-1-2　面部轮廓评估测评表

序号	评价内容	评　价　要　点	分值	自评	导师评价	备注
1	工具准备、使用及工具整理	测量工具的准备是否规范,使用是否准确,操作是否符合要求	10			
2	初步评估能力	通过目测是否能迅速识别面部轮廓的主要特征,准确判断出改善方向,并合理制定后续的评估步骤	20			
3	测量规范性与精准性	在测量过程中是否严格按照规范操作,数据记录是否详尽、准确,确保所有测量数据符合客观标准	25			
4	数据记录与分析	数据记录是否准确、清晰,分析结果是否与预期一致	35			
5	沟通与反馈能力	在分析结果后,能否清晰、有效地与求美者沟通,解释测量结果	10			
	合　计		100			

延展思考

随着技术的不断进步,面部美学测量不仅依赖传统的直接与间接测量法,数字化工具和人工智能正在逐步融入这一领域。请结合当前的数字技术和人工智能发展,探讨如何创新面部测量方法,以提升测量精度和个性化定制的效果,并阐述其在实际操作中的可行性与挑战?

学习活动二:面部轮廓的设计

相关知识

人们在艺术设计实践中不断运用并总结视觉愉悦的体验,最终形成了我们熟知的美学标准。这一标准也成为我们在后续学习中始终需要遵循的表现准则。

小提示

不同人种的面部特征有所差异。例如,东亚人种通常表现为上颌骨发育较弱、颧骨较为突出、下颌骨前段不够发达等特征,这些差异在一定程度上影响了传统"三庭五眼"比例的标准。在设计中,我们一方面需要参考黄金比例等美学标准,另一方面需要根据个体的实际特征,寻求适度的美学平衡与和谐。

知识链接

设计中，全面地分析求美者的情况尤为重要，以便为其量身定制符合个人气质和风格的美学方案。以张女士的案例为例，她的职业要求她展现专业自信的形象，而她快节奏的生活和频繁的社交场合需要她的外观兼具亲和力和专业感。因此，设计方案应重点关注如何通过调整面部轮廓，如适度缓和颧骨的突出感，并结合色彩和造型，提升皮肤的自然光泽，减轻疲劳感。这不仅能提升她的整体形象，还能满足她的职业需求和生活实际，使设计兼具实用性与美观性。

一、面部轮廓美学方案的设计要点

（一）设计原则

1. 对比与调和

在设计面部轮廓时，必须注重避免绝对化的思维方式，并灵活掌握主次关系的处理技巧。

举例说明

我们常说一个人的脸型为圆形时，可能会感到缺乏骨感和立体感，从而不符合大众对美的认知。然而，从美学的角度来看，方中带圆或圆中带方的脸型更具协调性和美感。这种设计理念体现了"调和"与"和谐"的逻辑，而非简单地追求极端的形态。此外，无论是方形还是圆形，都必须通过对比和衬托来凸显效果。设计中需明确主次关系，避免出现"平均主义"的弊端。

2. 自然与均衡

在美学中，真实与自然是衡量美的首要标准。即使面部符合对称美、标准美的要求，若失去了自然感和真实感，便会给人以僵硬、失真的印象。因此，我们追求的理念是"均衡"。从通俗的角度理解，虽然面部两侧不必完全对称，但通过视觉上的重量平衡，能呈现出一种自然和谐的美感。这种自然的均衡美是我们广泛接受的审美标准（图4-1-4）。

图4-1-4 自然与均衡的轮廓

小实验：我们可以用镜子仔细比较一下自己的脸，会发现我们每个人的脸其实都是不对称的，这是每个人的表情习惯、肌肉原生特性以及咀嚼习惯不同所导致，这是自然因素所导致的结果。

（二）视觉心理

我们常常夸奖一个人的长相比较有气质，其实就是指美学当中，除了标准美以外，给人一种不一样的感觉。这种感觉指的就是每个人不同的风格气质韵味，在面部轮廓方面，造成这种感觉和面部轮廓抽象的形状给人的视觉心理是有关联的，如：

圆形给人一种亲和、圆润以及依赖的视觉感觉,方形给人一种硬朗、中性的感觉,三角形给人一种稳定、独立以及尖锐的感觉等。不同脸型与不同气质感觉的关联,是面部轮廓美学设计中一个重要的参考要素。

二、面部轮廓美学需求定位

作为美学设计师,只有明确了解求美者的美学动机来源,才能更精准地为其面部轮廓设计找到方向和定位(图4-1-5)。这些动机可能源于内在的心理需求,或是受外在因素的驱动。理解这些差异有助于我们提供更个性化的设计方案,满足求美者的真实需求。

> **知识链接**
>
> 每位爱美者对面部轮廓的期望和理想状态都各有不同,内心对美的感受与面部形态息息相关。然而,作为社会性个体,追求美不仅仅源自心理层面的需求,生活环境、职业要求以及社交场景中的外在因素同样影响着个体的美学动机。

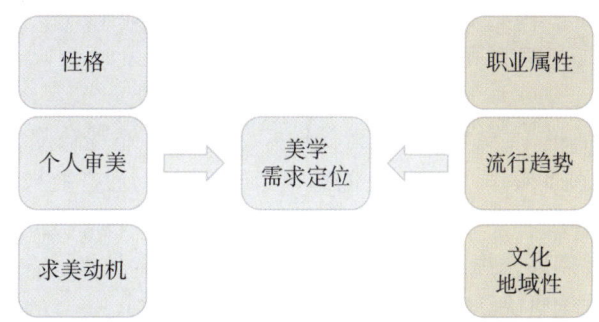

图4-1-5 美学需求定位

> **知识链接**
>
> 1. 审美流行性:个人对面部轮廓美的追求,除了源于自我价值判断,还深受外界流行审美趋势的影响。
>
> 2. 审美历史性:面部美学的设计中,除了需要了解审美的时代性、新颖性与变化性之外,还应掌握其历史传承中的共性规律。我国自古以来追求"和"文化,这种追求体现在审美标准上,即面部轮廓的和谐之美。中华文化的核心精神是"和",在历史的延续中,我们尤为重视关系的和谐与平衡。因此,在面部轮廓美学的设计中,必须关注整体与局部、正面与侧面的比例关系,尤其是"三庭五眼"的协调。
>
> 3. 地域审美差异性:面颅骨由颧骨、鼻骨、下颌骨和上颌骨构成。与脑颅骨不同,面颅骨会随着年龄增长而发生一定变化。不同国家和民族的面部轮廓审美存在差异。即使同为东亚人种,中国、日本、韩国的面部审美标准也各有不同,差异显著。

4-2 脸型与风格气质的美学分析

三、面部轮廓设计路径

(一) 医学美容方式

1. 适用情况

求美者若存在明显的外貌缺陷或瑕疵,如皮肤问题、面部轮廓不对称等,建议从以下几方面进行医学美学设计。

(1) 面部轮廓:对于左右不对称或局部过于凹陷、突出的问题,可以通过面部轮廓的医学设计进行结构性调整,从而有效改善不对称和不协调感。

(2) 下颌骨与上颌骨:下颌骨或上颌骨过于突出或后缩,颧骨发育异常者,需要从骨骼结构入手进行精细设计,以调整面部整体的骨骼比例。

(3) 外轮廓问题:如太阳穴、脸颊凹陷,颧骨过高,额弓过于突出,下巴过短或后缩以及鼻部山根低平、鼻头扁平等,都可通过外部轮廓的微调设计,达到面部轮廓的流畅和协调。

(4) 内轮廓问题:如面中部或鼻基底凹陷、嘴部凸出、苹果肌扁平、鼻部轮廓模糊等,这些问题可以通过填充与重塑的方式进行修正。

(5) 面部脂肪分布:脂肪堆积或分布不均引起的面部轮廓不清晰者,可通过脂肪移植或去脂方案来塑造更精致的面部轮廓。

2. 需要注意

(1) 医学美容可通过手术、注射、激光等医疗手段改善外观缺陷,提升整体面部美感。这些方式需要由专业医生操作,并在严格的医学指导下进行,通常效果较为显著且持久。

(2) 尽管医学美容技术能够有效改善面部轮廓,但也伴随一定的风险和潜在副作用。因此,进行医学美容前需谨慎决策,并在专业医生评估后确定是否适合。候选者应满足的基本条件包括身体健康、无重大疾病史及无过敏史等。

(二) 服饰搭配方式

1. 适合条件

求美者对自身形象有较高要求,但外表上没有明显缺陷。

(1) 下颌角突出:推荐选择V领或深V领的上衣,有助于延长颈部线条,柔化下颌角轮廓,营造出更柔和的面部曲线。

(2) 颧骨高:建议选择圆领或高领上衣,减少对颧骨的突出强调,使面部比例更加协调平衡。

(3) 鼻梁低平:可选择具有立体感的配饰,如大耳环或宽腰带,转移视线焦点,弱化对鼻梁的注意。

(4) 唇部问题:使用鲜艳的口红色调,能有效吸引视觉注意,使唇部显得更加饱满立体。

(5) 面部脂肪过多或双下巴:推荐穿修身款上衣配高腰裤,凸显身材线条,视觉上减少面部赘肉和双下巴的存在感。

2. 需要注意

(1) 服饰设计通过合理选择服装款式、色彩搭配和配饰,不仅能够突出个人的优点,还可以巧妙地掩饰不足,提升整体形象。这需要设计师具备对时尚趋势的敏锐洞察力以及对个人风格的精准把握。

(2) 在面部轮廓的修饰上,服饰设计起到的是辅助作用,虽然能在一定程度上优化整体观感,但对面部轮廓本身的改变有限。

(三) 人物形象设计方式

1. 适合情况

求美者对自身形象有较高要求,不接受手术和注射等方式,且外表上没有明显缺陷。

(1) 下颌角突出:建议选择合适的发型,如长发或中长发,通过发型设计来柔化下颌角的线条,达到修饰脸型的效果。

(2) 颧骨突出:可以通过化妆技巧,如在颧骨下方适度使用阴影粉,来减弱颧骨的突出感,从而使面部整体比例更加和谐。

(3) 鼻梁低平:在鼻梁处打高光可以增加立体感,使鼻梁看起来更高挺。同时,选择能修饰面部轮廓的发型,如刘海或中分,进一步突出五官的立体感。

(4) 唇部松弛:选择适合的口红色调和唇妆技巧,如使用唇线笔清晰勾勒唇形,能够提升唇部的紧致感,使其显得更加饱满。

(5) 面部脂肪过多或双下巴:可以通过短发或中短发造型,以及化妆时在下颌线打阴影,来减少视觉上的脂肪堆积,使面部线条更加紧致。

2. 需要注意

可以通过美学设计师的指导,根据求美者的面部特点和个性进行个性化的妆容和发型设计,突出优点,修饰不足,打造独特形象。

任务实施

面部轮廓设计实施步骤如图 4-1-6 所示。

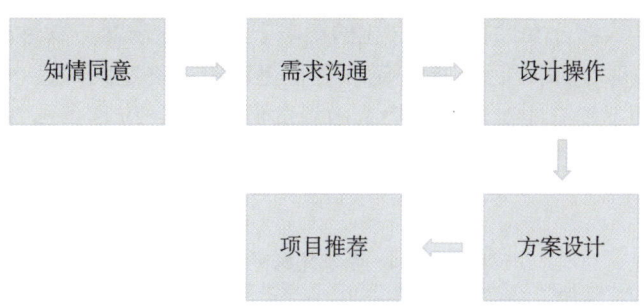

图 4-1-6 面部轮廓设计实施步骤

1. 知情同意
美学设计师须告知张女士设计的具体步骤,并在每一步征得她的知情同意。

2. 需求沟通
美学设计师通过深入咨询和沟通,明确张女士内在与外在的美学需求,并记录于个性化信息表中(表 4-1-3)。

3. 设计操作
利用美学设计和绘图工具,对张女士的面部整体及局部轮廓进行专业设计。

4. 方案设计

通过全面分析,得出面部轮廓的美学方案并形成结论。

5. 项目推荐

结合各类项目的优势与限制,为张女士推荐最适合的个性化方案。

表 4-1-3 面部轮廓美学设计方案

分类		面部轮廓基本诊断情况		影响因素	
依据	类目 情况	整体	局部	求美动机	基本信息因素
	解决思路	医学美容		人物形象	服饰搭配
项目推荐					
选择依据					
方案结论					

任务评价

随着时代的发展,部分女性在多元文化的影响下,开始追求西方女性的骨感美和立体面部轮廓。然而,无论时代如何变迁,面部轮廓美学仍然遵循一定的共性审美标准。因此,在设计中,美学设计师不仅需要对流行趋势有敏锐的洞察力,还应具备预判未来趋势的能力。同时,必须深入理解中国传统面部轮廓审美的核心价值,这种审美在不同时代中始终具有持久的吸引力(表 4-1-4)。

表 4-1-4 面部轮廓设计测评表

序号	评价内容	评 价 要 点	分值	自评	导师评价	备注
1	操作规范	步骤、手法科学规范	10			
2	设计方案	面部轮廓设计方案合理,符合审美规律	30			
3	技能应用能力	能有效进行面部轮廓美学评估、方案设计与调整	30			

(续表)

序号	评价内容	评价要点	分值	自评	导师评价	备注
4	创新与问题解决能力	面对复杂或非典型面部轮廓美学问题时,是否能灵活运用知识,找到创造性解决方案	20			
5	团队协作	配合、协作沟通的专业性	10			
	合　计		100			

延展思考

思考一下,当求美者的内在审美动机与外在审美动机产生矛盾时,应如何调和?

(曹晨)

任务二　眼部美学分析与设计

学习目标

1. 了解眼部美学的基本概念,掌握眼部测量标准与方法,理解眼部设计的关键因素。
2. 掌握眼部美学评估和设计方案的能力。
3. 认识到眼睛作为非语言情感表达的重要窗口,美学分析与设计中应注重自然与和谐。

情景导入

小李,一位25岁的活泼年轻女士,拥有精致的椭圆形脸庞和高挺的鼻梁(图4-2-1)。她的小眼睛在笑时几乎闭合,这在社交场合和拍照时常使她觉得表情不够魅力四射。在一个阳光明媚的下午,小李坐在城市一家热闹的咖啡馆里,浏览自己在社交媒体上的照片,对于眼睛在每张照片中都几乎不可见感到不满。她朋友们的评论虽然充满善意玩笑,但这却加深了她的不安。

为了改变这一状况,她求助于张老师——一位技艺精湛且对美学有深刻理解的美学设计师。她希望张老师能够通过美学设计,改善其眼部特征,使眼睛看起来更有神、更明媚,从而

图4-2-1　求美者小李

显得更加动人。

一双美丽传神的眼睛,不仅光彩照人,还可以折射出各种心理活动,传递复杂的感情。因此,眼睛的形态结构对容貌美有不可替代的作用。除了灵动的双眸外,眉毛在面部表现中也具有传神的效果,表现人的内心和性格特征,因此被誉为"七情之虹"。眼部的美学分析与设计主要包括眉毛和眼睛的部分。学习眼部的美学评估及设计方法,可以帮助求美者用恰当的方式塑造健康的美态。

在本任务中,我们将探究眼部造型塑造的参考标准。通过测量方法了解眼部结构和比例,掌握眼部美学的标准,为更好地开展眼部美学评估和方案设计提供数据参考和依据。

学习活动一:眼部美学的评估

一、眼部的美学特征

不同的民族、不同的时代有不同的美学标准。现代中国人多以大而圆、有重睑的眼为美,而古代中国人则多以细而长、单眼皮的眼为美,"柳眉杏眼"颇受古人赞美。西方人对东方人眼的审美观似乎与古代中国人相似。其实,在现代美学上,一双美丽的眼睛需要符合许多标准,包括眼的形态、色泽、位置和神态等。形态、色泽、位置是构成眼静态美的要素,而神态则是反映眼动态美的要素。眼睛美有两层含义:一是眼部形态结构之美;二是指"眼神"所表达传递情感信息之美。"眼神美"是一种动态之美,只有"形"与"神"和谐统一才能真正表现出眼睛美的全部内涵。

> **知识链接**
>
> 三国时期著名的诗人曹植在《洛神赋》中,形容洛神惊世的美貌时曾言:"云髻峨峨,修眉联娟,丹唇外朗,皓齿内鲜。明眸善睐,靥辅承权,瑰姿艳逸,仪静体闲。"可见,五官的形态和其动态表情的和谐组合,就构成了容貌的美感。

二、眼部的美学因素

眼部的整体形态是人体美学中的重要组成部分,其美感不仅依赖于单一部位的特征,更依赖于各个眼部结构的和谐统一。人的双眼由眼球及其附属器官组成,包括眼睑、睑裂、内外眦、睫毛、瞳孔等,所有这些部位的形态特征以及它们之间的相互关系共同构成了眼部美的基础。眼球的曲率、眼睑的弧度、睑裂的长度与形状等因素直接影响着眼睛的神采与吸引力,甚至对面部整体美感有着举足轻重的作用(表4-2-1)。

表4-2-1 眼部观测指引

观测指标	形态			比例		倾斜度	
	线流畅度	重心	动态	自身比例	与面部比例	倾斜	
表现	流畅	内侧	一致性	长宽	两眼间距	水平	向上
	有角度	外侧	动态表现		面宽		向下

(一) 眼睛的形态

眼睛的形态是面部美学中最具表现力的特征之一,它直接影响面部的整体神采和表情。眼睛的形态不仅包括眼睑的形状、眼球的大小与位置,还包括眼角的开合程度、眼睑的弯曲度等。理想的眼睛形态通常呈现出一定的对称性和比例感,且与面部其他特征,如眉毛、鼻子、嘴巴等保持和谐地搭配。眼睛的形态能够传递情感和个性,如:圆润的眼睛通常给人以亲和力和温暖的印象,而狭长的眼睛则可能传达出智慧与冷静。

1. 圆眼

圆眼形态通常给人一种明亮、活泼的印象。眼睛的曲线较为圆润,睫毛较长、浓密,且眼白显得明显。圆眼常常显得非常有神,适合展现开朗、亲和的形象。圆眼通常较为宽大,能够凸显面部的柔和感。

2. 杏眼

杏眼呈现出弯曲优雅的形状,眼头较尖,眼尾略微上扬,形状类似杏仁,因此得名。这种眼形通常显得神采奕奕,具有柔和的立体感。杏眼被认为是东方人最理想的眼型之一,具有较强的亲和力与美感,能够表现出自信与优雅。

3. 桃花眼

桃花眼的特点是眼角微微上扬,眼睛较大且呈现出一种迷人的弯曲形态,仿佛含情脉脉的样子。桃花眼通常给人一种温柔、性感,具有吸引力的感觉。这种眼型非常适合传达温婉、魅惑的气质。

4. 单眼皮

单眼皮是指上眼睑没有明显的褶皱,通常眼睛形态较为平直。单眼皮的眼睛往往较为内敛、含蓄。尽管缺乏双眼皮的立体感,但单眼皮眼睛依然能够展现自然的美感,给人一种清新、纯粹的印象。

5. 双眼皮

双眼皮(图4-2-2)是指上眼睑有明显的褶皱,这种眼型较为立体,能够使眼睛看起来更加开阔、深邃。双眼皮通常给人一种明亮、灵动的视觉效果。双眼皮的形状可分为内双、外双和全双等不同类型,每种类型的双眼皮都有其独特的美感。

6. 内眦赘皮

内眦赘皮(图4-2-3)是指眼头部分的皮肤呈褶皱状堆积,通常会使眼睛的开阔度受到一定影响。尽管这种眼型可能显得较为紧凑,但通过化妆或其他方式可以改善其美学效果,令眼睛看起来更加神采奕奕。

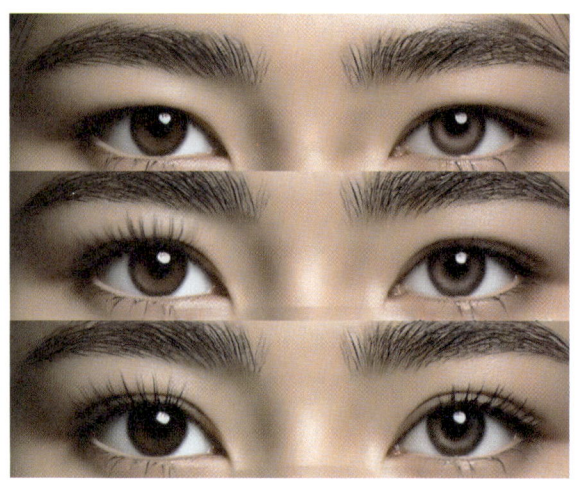

图 4-2-2　不同类型双眼皮

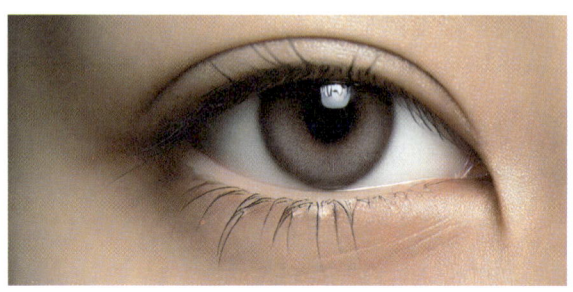

图 4-2-3　内眦赘皮

7. 外眼角上扬

外眼角上扬的眼型常常被认为是富有精神气质和吸引力的象征。眼尾微微上翘能够使眼睛看起来更加明亮且有深度,通常给人一种高贵、锐利的感觉。外眼角上扬的眼型适合表达自信与独立的气质。

8. 卧蚕眼

卧蚕眼是指眼睛下方有一条细长的线条状凹陷,通常让眼睛显得更加有神且富有魅力。卧蚕通常能使眼睛看起来更加生动、立体,因此成为很多人追求的美眼特征之一。

(二) 眉毛

眉毛位于眼睛上方,是面部容貌的重要组成部分(图 4-2-4)。眉毛不仅能阻挡汗水和雨水进入眼内,还能显著衬托和提升一个人的整体面容。对称、浓淡适中、粗细合宜的眉毛在协调和平衡面部各

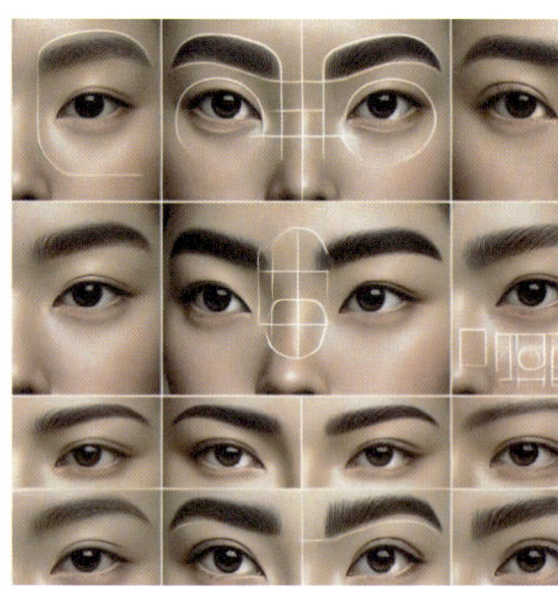

图 4-2-4　不同的眉眼

结构之间的关系，展示情感个性，增强容貌美感方面具有重要作用。因此，有"面之有眉，犹屋之有宇"的说法。眉毛的位置、长短、粗细和浓淡等因素都会对面容美产生影响。

（三）眼部及周围组织的位置

眼睛的形态受其周围结构的显著影响，这些结构包括眶骨形状、泪腺的位置是否下垂、眉弓与眶下缘的相对高度、鼻根部的高度以及内外眦点的相对位置等。眶骨的突出程度直接影响眼睛的深邃感，眶骨较为突出时，眼睛通常显得更加深邃和有神，而眶骨凹陷则可能使眼睛显得较为平淡。泪腺的下垂或位置也会影响眼睛的外观，泪腺若下垂，可能导致眼睑松弛或出现眼袋，影响面部表情的年轻感与紧致感。眉弓与眶下缘的相对高度决定了眼部的整体比例，眉弓过高或过低都会对眼睛的视觉效果产生影响，影响眼睛的开阔度与神采。鼻根部的高度则与眼睛的横向比例密切相关，鼻根较低时可能导致眼睛显得较为紧凑，反之则可能使眼睛的外观更为宽阔。内外眦点的相对位置关系则直接影响眼睛的形态轮廓，内眦过近或过远都会改变眼睛的开合度，进而影响整体面部的和谐美感。

三、眼部的美学标准

眼之美在于形态与眼神的和谐统一，其美的核心在于"神"，但基础在于"形"。眼的形态美由眉、眼睑、内眦、外眦、睑裂和眼球的形态美所构成。以下是一些东方学者的眼美学数据：

（1）睑裂长度：23～28 mm，上下眼睑的最大距离（睑裂高度）为 8～12.5 mm，眼裂长宽比值为 3.0～3.6。重睑的宽度为 1.5～3 mm。

（2）内眦间距：两内眦间距应为一只眼的宽度，约为两眼外眦间距的 1/3。内眦呈锐角，角度在 48°～55°为宜。

（3）外眦间距：两外眦角与颜面侧缘间的距离为 19～24 mm，外眦睑裂角（外眦与睑裂的夹角）为 60°～70°。

（4）内外眦位置关系：外眦高于内眦 2～3 mm，外眦角稍微上翘，内外眦连线与水平线夹角以 10°左右为美，即俗称的"丹凤眼"，是女性美型眼的标准。

（5）角膜形态：角膜为椭圆形，直径为 12～13.6 mm，睁眼时上睑覆盖角膜上缘 1～2 mm。

对于人体美学设计师来说，掌握求美者眼部美学形态非常重要。在了解各种眼部形态之前，必须首先明确什么样的眼型更符合美学标准。

> ◆ 知识链接
>
> 从美学角度来看，重睑的形态和长度相比单睑更符合黄金分割定律，带来美的愉悦感。重睑在人们的视觉和心理感受上，常能显得妩媚、灵巧、清澈、靓丽且富有灵气。

四、眼部比例测量实施方法

准备一把皮尺，互相测量上睑高度、内眦间距、睑裂高度、睑裂长度、睑裂倾斜度及睑裂长度与面部的比例。通过比较数据，可以发现每个人眼部的比例差异显著。根据这些不同特征，评估每个人眼部的美学问题。

1. 工具测量法

眼部美学测量方法主要分为直接测量法和间接测量法。直接测量法通过使用专业直尺或其他测量工具,直接在小李的眼部进行尺寸测量,获取精确数据。间接测量法则在求美者同意的前提下,拍摄其正面头像照片,通过图像分析工具对照片中的眼部进行测量和比例计算,从而间接获得眼部的各项尺寸与比例数据。这两种方法各有优势,直接测量法精准快速,而间接测量法则更为便捷,尤其适用于无法直接接触的情况。

2. 观察测量法

观察测量法是一种通过视觉观察和经验判断来评估眼部美学比例和形态的方法。美学设计师通过观察小李的眼部特征、眼睛与面部其他部位的比例关系,结合美学标准,进行主观评估和分析。此方法不依赖于工具或仪器,而是依赖美学设计师的专业眼光和对眼部美学的深刻理解。观察测量法常用于快速评估、初步设计阶段不便进行其他类型测量时。美学设计师通过对比标准比例(如眼距,眼睛与眉毛、鼻梁的关系等),判断眼部是否符合美学要求。

● **注意事项**

1. 由于眼睛是立体且灵活的,为避免测量误差,应让求美者眼睛平视正前方。在使用直接测量法时,需要将皮尺放置于水平或垂直位置进行测量。
2. 睑裂长度:内眦角到外眦角的距离。
3. 睑裂宽度:经过瞳孔的上下睑缘间的距离。
4. 上睑高度:经过瞳孔的上睑缘至眉毛下缘间的距离。
5. 内眦间距:两瞳孔水平线上,两内眦间的距离。
6. 睑裂倾斜度:指内外眦角位置的高低程度。

4-3 眼睛、眼周边美学设计关系

任务实施

眼部测量实施步骤如图4-2-5所示。

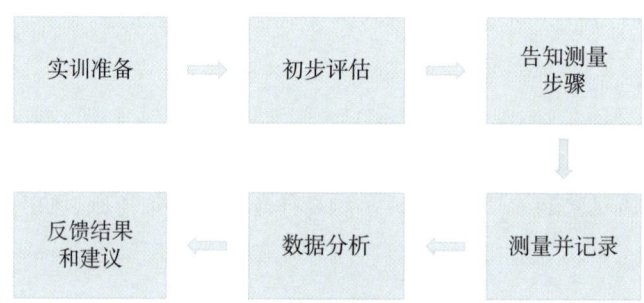

图4-2-5 眼部测量实施步骤

1. 实训准备

准备观察工具、测量工具和记录工具。

2. 初步评估
美学设计师通过目测对小李眼部进行初步判断。

3. 告知测量步骤
美学设计师需告知小李接下来的测量步骤,并征得小李同意。

4. 测量并记录
使用工具分别测量上睑高度、内眦间距、睑裂高度、睑裂长度、睑裂倾斜度及睑裂长度与面部的比例,并在求美者信息表上做客观准确的记录(表4-2-2)。

5. 数据分析
依据测量的数据填写用户信息表,分析数据并得出相应结论。

6. 反馈结果和建议
美学设计师根据小李的面部测量数据,告知其结果并提出建议。

表4-2-2 求美者信息登记表

观测指标	分类	具体项目	表现维度	评估记录
形态特征	线条流畅度	线条流畅性	是否流畅、有断裂	
		有角度性	平直、内折、外扩	
	重心位置	内侧/外侧	眼型偏重部位	
	动态特征	一致性	静态与动态一致性	
		动态表现	眼神灵动、呆滞	
比例关系	自身比例	上睑高度	占整个眼裂比例	
		眼裂高度	占面部比例	
		眼裂长度	与脸长之比	
	面部比例	内眦间距	是否正常(眼宽=1/5面宽)	
		面部宽度	标准值、偏宽、偏窄	
倾斜度	眼轴方向	水平/向上/向下	眼尾相对眼头的角度变化	
总体结论				

任务评价

眼部评估的任务评价将从多个维度综合考察设计师的能力。首先,美学设计师在测量工具的选择与使用上是否得当,能够确保操作的准确性和数据的客观性。其次,在测量过程中,美学设计师是否能精确捕捉眼部的关键数据,如上睑高度、睑裂长度等,并确保每项数据都准确记录。再次,数据分析能力也是评价重点,美学设计师是否能基于测量结果进行科学分析,并提出符合美学标准的结论和建议。最后,沟通能力同样重要,美学设计师是否能清晰地向小李传达测量结果,并在此基础上提出个性化且可行的优化方案(表4-2-3)。

表 4-2-3 眼部评估测评表

序号	评价内容	评价要点	分值	自评	导师评价	备注
1	工具准备、使用及工具整理	测量工具的准备是否规范,使用是否准确,操作是否符合要求	10			
2	初步评估能力	通过目测是否能迅速识别眼部的主要问题,准确判断出改善方向	20			
3	测量规范性与精准性	在测量过程中是否严格按照规范操作,数据记录是否详尽、准确,确保所有测量数据符合客观标准	25			
4	数据记录与分析	数据记录是否准确、清晰,分析结果是否与预期一致	35			
5	沟通与反馈能力	在分析结果后,能否清晰、有效地与求美者沟通,解释测量结果	10			
	合　　计		100			

延展思考

基于测量数据,如何利用 AI 进行眼部美学特征分析,并为设计师提供优化建议,提升设计的效果与用户体验?

学习活动二:眼部美学的设计

相关知识

不同民族和时代有不同的美学标准。现代中国人多以大而圆、有重睑的眼为美,古代中国人则多以细长、单眼皮的眼为美,"柳眉杏眼"颇受古人赞美。在现代美学中,一对美丽的眼睛需要符合许多标准,包括形态、色泽、位置和神态。形态、色泽和位置是构成眼部静态美的要素,神态则反映眼部动态美的要素。

小提示

年轻人的上睑在正常情况下很少表现出皮肤松弛。皮肤松弛或冗余是上睑衰老的最重要特征。细小皱纹的出现反映了皮肤缺乏弹性。随着衰老,下睑会出现色素沉着或"黑眼圈",可能伴有或不伴有睑下沟的出现。眶隔张力减弱和延长导致眶脂肪假性疝出,形成下睑袋。

一、眼部美学方案的设计要点

（一）设计原则

1. 整体协调的自然美

虽然大眼睛、双眼皮被许多人视为美的标准，但从美学角度来看，眼部美并不完全取决于这些特征。眼部的美学设计应以整个面部的协调性为主。在设计过程中，除了考虑眼型的重心、重睑与单睑的视觉差别、睑球关系、水平关系等因素外，还需要根据求美者的年龄、性格、职业、个人要求以及脸型、眉型、上睑高度等多种因素进行综合考量。

> **举例说明**
>
> 在眼部美学设计中，首先要考虑眉眼在面部的位置及二者之间的协调关系，如眉毛走势与眼裂走势是否一致。其次，分析眼部周围的影响因素，包括眶窝形态、泪腺位置及眼球突度。最后，进行三维解剖分析，应在全面部拍摄中确保整体效果协调。

2. 眼神美

眼睛是容貌的中心，是容貌美的重点和主要标志。人们对容貌的审视，首先从眼睛开始。一双清澈明亮、妩媚动人的眼睛，不仅能增添容貌的魅力和风采，还能掩饰面部其他器官的不足和缺陷。"画龙点睛"这个成语，充分体现了眼睛在美学中的重要性。眼神美是一种动态之美。正常的眼神应具备以下特征：眼球转动灵活，眨眼适度，视物清晰，眼球光彩、清澈、明亮，眼白部分无血丝，瞳孔黑亮有神，能随光线和情绪变化而变化，具有传神之感。只有"形"与"神"和谐统一，才能真正表现出眼睛美的全部内涵。

（二）视觉心理

眼睛居五官之首，是人体最重要、最精巧、最完善的感觉器官，主要负责视觉功能，是大脑的延伸部分。眼睛在人类情感和思想交流中具有特殊的重要作用，是人内心世界的显示器，能反映出一个人的喜、怒、哀、乐等各种内心活动和情绪，因此被称为"心灵的窗口"（图4-2-6）。

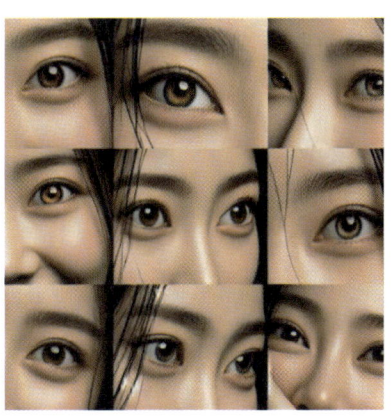

图4-2-6 眼神与情绪

> **知识拓展**
>
> 白居易《长恨歌》中"回眸一笑百媚生，六宫粉黛无颜色"充分体现了眼神美。眼神是人与人之间交流的重要方式之一。眼神可以反映自信心。当一个人面对别人时，如果能够直视对方的眼睛，表现出自信和坚定的态度，他就会更有魅力。眼神也可以传递情感。当一个人对另一个人充满爱意和温情时，他的眼神会变得温柔和柔和，这样的眼神会让人感到舒适和放松，从而增加他的魅力。

4-4 眼睛与面部协调性美学分析

二、眼部美学设计路径

(一) 医学美容方式

1. 适合情况

适用于身体健康、精神正常、无心理障碍的求美者,尤其是因眼周皱纹、黑眼圈、眼袋、睑裂细小、上睑皮肤松弛下垂、睫毛平直等问题对眼部形态不满意者。

2. 需要注意

(1) 专业操作:医学美容可以通过手术、注射、激光等方式改善眼部形态,提升整体美感。这些方法需要专业医生的指导和操作,效果较为明显且持久。

(2) 风险与副作用:虽然医学美容技术能够改善眼部形态,但也存在一定风险和副作用。因此,求美者应慎重考虑,并咨询专业医生的意见。符合条件的求美者应身体健康,无严重疾病史,无过敏史等。

(二) 人物形象设计方式

1. 适用情况

适用于对自身形象有较高要求,不接受手术和光电方式,并且在眼部美学上没有明显缺陷的求美者。通过化妆修饰眼睛的形状,使其更加迷人至关重要。

2. 修饰项目

(1) 眉毛修饰:眉毛为眼睛提供框架,修饰好眉毛可以让眼睛看起来更加明亮和自然。使用眉笔或眉粉填补眉毛缺失的部分,使眉毛更饱满,同时要注意眉毛形状与脸型相适应。

(2) 眼影修饰:用亮色表现凸出部位,用暗色表现凹陷部位,自然地表现眼部与眉骨、鼻骨的凹凸关系。通过眼影的晕染调整和强调眼部结构,调整眉眼间距,调整眼型,使眼睛焕发光彩。

(3) 眼线修饰:强调眼睛轮廓,使眼睛更有神采;调整眼睛轮廓和两眼间距;增加眼睛的黑白对比度。

(4) 睫毛修饰:使用假睫毛或睫毛增长液,使睫毛更浓密和纤长,让眼睛看起来更大、更明亮。

(5) 打造双眼皮:单眼皮通过化妆变成双眼皮;矫正眼尾下垂;使眼睛看起来更大;调整两眼大小,使其一致。

3. 注意事项

建议通过美学设计师的指导,根据求美者的眼部特点和个性进行个性化妆容设计,突出优点,修饰不足,打造独特形象。这需要与专业人士合作,效果明显且灵活可调。

眼部美学设计实施步骤如图4-2-7所示。

1. 步骤告知

美学设计师需告知小李接下来的设计步骤,并征得她的同意。

2. 需求咨询
通过咨询沟通的方式,了解小李的内在和外在求美需求,并填写信息表。

3. 眼部美学设计
借助美学设计工具和绘图工具,对眼部的整体和局部进行设计。

4. 方案分析
通过分析,得出眼部美学方案的结论。

5. 方案推荐
结合各类项目的优劣势,为小李推荐最适合的方案,确保设计满足她的需求和期望(表4-2-4)。

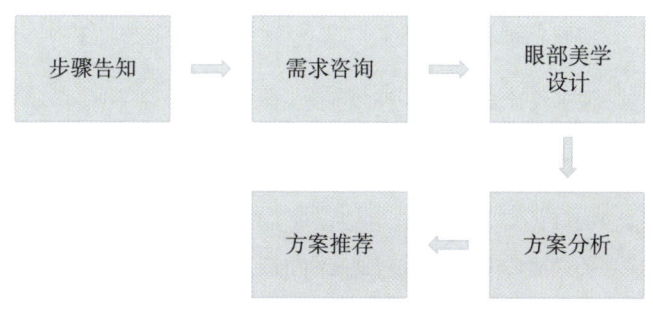

图4-2-7 眼部美学设计实施步骤

表4-2-4 眼部美学设计方案

分类		眼部基本诊断情况		影响因素	
依据	类目	整体	局部	求美动机	基本信息因素
	情况				
解决思路					
项目推荐					
选择依据					
方案结论					

眼部美学设计在面部美学中占据核心地位。随着审美观念的变化,个体对眼部特征的

需求也在不断更新。从追求自然神韵到强调眼部轮廓的立体感,眼部美学设计不仅要符合流行趋势,更需关注个体差异和文化背景的影响。在设计过程中,美学设计师应综合考虑眼部功能性与表现力,运用科学的分析方法,精准把握形态调整的度。通过优化眼部设计,提升其在社交场合和情感交流中的表现力,从而增强个体的自信与吸引力。眼部美学设计的价值在于,它能有效改善视觉印象,提升情绪表达,帮助个体更好地展现其内在气质和魅力。(表4-2-5)。

表4-2-5 眼部美学分析与设计总测评表

序号	评价内容	评价要点	分值	自评	导师评价	备注
1	操作规范	步骤、手法科学规范	10			
2	设计方案	眼部设计方案合理,符合审美规律	30			
3	技能应用能力	能有效进行眼部美学评估、方案设计与调整	30			
4	创新与问题解决能力	面对复杂或非典型面部轮廓美学问题时,是否能灵活运用知识,找到创造性解决方案	30			
5	团队协作	配合、协作沟通的专业性	20			
6	技能应用能力	能有效进行眼部美学评估、方案设计与调整	10			
	合 计		100			

思考一下,如果求美者的内在审美动机与外在审美动机出现矛盾的时候,如何解决?

(乔敏)

任务三 鼻部美学分析与设计

学习目标

1. 了解鼻部美学的基本概念,熟悉鼻部测量标准与方法,理解鼻部设计的要点。
2. 掌握鼻部美学分析与设计的能力。
3. 明确鼻部设计在整体美学中的核心作用,强调局部与整体的和谐统一。

情景导入

王小姐,32岁,是一名经验丰富的导游。她的工作需要频繁与来自世界各地的游客互动并合影留念。最近,她越来越感觉到自己在这些合照中的面部特征不尽如人意。尽管她的眼睛相对较大,但因为眼睛间距偏宽,加上鼻梁较低,她的脸型在照片中显得较大且扁平,缺乏立体感和精致感。为了改善这一点,王小姐决定寻求专业人员的帮助。

图 4-3-1 求美者王小姐

任务分析

鼻部美学设计在面部整体美学中占据重要地位,直接影响面部比例和第一印象。通过精确的鼻部测量与评估,可以为求美者量身定制个性化美容方案,从而提升面部的协调性与美观度。

在实际工作中,美学设计师需掌握鼻部美学的测量与设计技巧,重点包括鼻梁长度、鼻尖高度、鼻翼宽度等关键参数的精准评估。以实际案例为引导,美学设计师将学会如何根据测量结果进行个性化设计,可能涉及化妆技巧或非侵入性微调手术,以达到面部和谐与立体感的提升。此任务有助于提升美学设计师的实际操作能力和求美者需求的精准把握。

学习活动一:鼻部美学的评估

相关知识

一、鼻部结构基础

(一)鼻梁结构及功能

鼻梁是连接眉间和鼻尖的部分,主要由鼻骨和软骨构成(图 4-3-2)。在面部美学中,鼻梁的长度、宽度和弧度都是重要的美学参数,直接影响着整体面部的和谐与比例。功能上,鼻梁不仅支撑着鼻部的整体结构,还对呼吸通道有重要作用,特别是鼻梁的形态会影响空气的流动效率。

(二)鼻尖和鼻翼的解剖特征

鼻尖位于鼻梁的下端,由多块鼻软骨组成,包括侧鼻软骨和主鼻软骨。鼻尖的形状和位置对面部的美感有极大的影响,理想的鼻尖通常呈现自然的圆润形态,与面部其他特征协

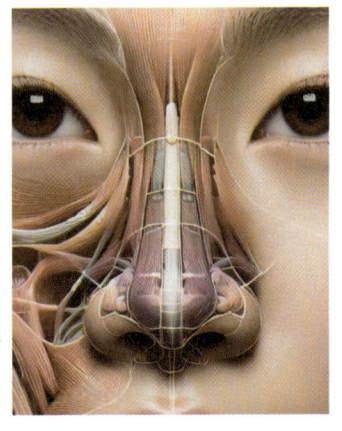

图 4-3-2 鼻梁解剖图示

调一致。鼻翼则位于鼻尖两侧,由鼻翼软骨支撑,其宽度和厚度对鼻子的宽窄和呼吸功能有重要影响。

(三) 面部解剖与鼻部关系

鼻部的位置和形态与整个面部的解剖结构密切相关,特别是与眼睛、嘴巴和颧骨的相对位置。鼻子的长度、宽度和高度必须与其他面部特征如眼睛间距、面部长度和宽度等比例相匹配,以达到视觉上的平衡和谐。理解这些解剖关系对于进行鼻部美学评估和设计至关重要,可以帮助美学设计师为求美者提供更准确、个性化的美容建议和解决方案。

> **知识链接**
>
> 鼻骨:鼻骨为成对的长方形骨板,位于两侧上颌骨的额突之间。
> 上颌骨额突:上颌骨额突位于上颌体的前外侧面,向上突出,其上部连接额骨,前部连接鼻骨。上颌骨额突决定了鼻背的宽度。

二、鼻部的分类与特点

(一) 常见的鼻型描述

在面部美学中,鼻型的分类可以帮助我们更好地理解不同个体的面部特征及其美学需求。以下是几种常见的鼻型(图4-3-3)。

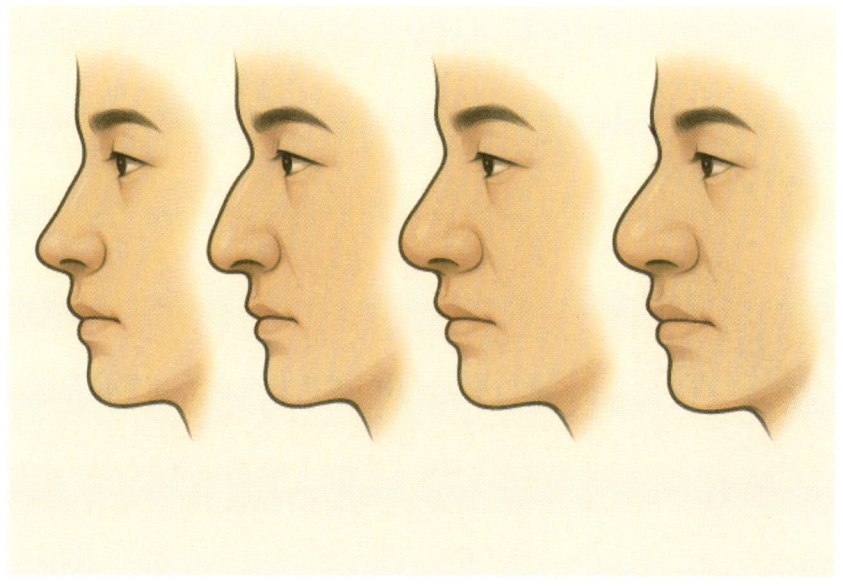

图4-3-3　不同鼻形态

(1) 直鼻:直鼻是最常见的鼻型之一,特点是鼻梁直而均匀,鼻尖适中,整体看起来非常协调。

(2) 鹰钩鼻:鹰钩鼻的鼻梁弯曲,类似鹰的喙,鼻尖突出且向下弯曲,给人一种刚毅的印象。

（3）圆鼻：圆鼻的鼻尖较为圆润，鼻梁可能不太突出，这种鼻型显得较为温和。

（4）宽鼻：宽鼻的特点是鼻翼较宽，鼻梁可能较短，这种鼻型在某些种族群体中更为常见。

（5）短鼻：短鼻的鼻梁较短，鼻尖和鼻根之间的距离缩短，使得面部看起来较为圆润。

（二）鼻型与面部美学的关系

鼻型在面部中占据核心位置，它与其他面部特征如眼睛、嘴巴、颧骨的相对位置和比例关系密切。一个和谐的鼻型能够增强面部的整体美感，而不协调的鼻型可能会干扰面部的美学平衡。例如，一位拥有较小眼睛和薄唇的人，如果鼻子过于突出，可能会显得不太协调。

三、鼻型的美学评价标准

在评价一个鼻型的美学价值时，专业美学设计师通常会考虑以下几个标准。

（一）比例：鼻子的长度、宽度应与面部其他特征的比例协调

鼻子位于面部的中央，是面部最突出的部位。鼻子的高低和宽窄会影响全脸五官的比例和侧面的立体感。一个好看的鼻子有一些共同要素。人体美学设计师对求美者鼻子高低、长宽比例的掌握非常重要。在了解各种鼻型之前，必须先熟悉鼻子各部位之间的高低关系和标准比例。

> **知识链接**
>
> 1. 鼻子的长度与面部整体的比例关系一般约为整体面部的1/3，属于三庭中的中庭。
>
> 2. 鼻尖的高度约为鼻子长度的1/3，鼻额角为115°～130°，鼻面角约为25°～30°，鼻唇角约为90°。
>
> 3. "四高三低"是头面部的高低起伏的标准美。"四高"指额部高、鼻尖高、唇珠高和下巴尖高；"三低"指鼻根低、人中沟低和下唇窝低。

（二）鼻子的对称性和均衡性

鼻子的对称性是评价其美观的关键因素之一。在面部美学中，鼻子的对称性和均衡性是评价其美观的关键因素之一。一个理想的鼻子不仅需要在自身结构上展现对称性，还应与整个面部形成均衡和谐的关系。

1. 对称性

鼻子的对称性主要指鼻梁的直线性以及鼻尖和鼻翼两侧的均匀对称（图4-3-4）。从正面看，鼻梁应呈直线，不应有明显的弯曲或偏斜。鼻尖的形态应均匀对称，左右两侧的鼻翼大小、形状和位置应相近。这样的对称性不仅影响美观，也是面部表情和功能平衡的表现。

2. 均衡性

均衡性涉及鼻子与其他面部特征如眼睛、嘴巴、颧骨等的相对位置和比例关系（图4-3-5）。一个均衡的鼻子应与眼睛的宽度、脸部的长度和宽度以及嘴巴的大小形成适当的比

例。例如，一个较宽的鼻翼配合较宽的面部和大眼睛可能看起来更为协调。相反，如果鼻翼过宽而面部较窄，可能会显得不太协调。

图 4-3-4　对称性　　　　　　　图 4-3-5　均衡性

（三）鼻子形态与线条美学

1. 共性美的视角

共性美指的是广泛认可的、跨文化的美学标准，它在鼻子的形态和线条中体现为一些普遍欣赏的特征。

鼻梁的直线性　一个直而清晰的鼻梁通常被认为是美观的，因为它提供了面部的结构支持并增加了立体感（图 4-3-6）。直鼻梁在多数文化中都被视为美的象征，它有助于平衡面部比例并增强其他特征的协调性。

图 4-3-6　鼻梁的直线性

适中的鼻尖　鼻尖既不应过于尖锐也不应过于圆润，适中的鼻尖可以增加面部的柔和感同时保持一定的精致度。一个适当的鼻尖形状有助于提升整体的面部表情。

鼻翼与鼻梁的协调　鼻翼的宽度应与鼻梁保持良好的比例关系，过宽或过窄的鼻翼都可能破坏面部的和谐感。良好的鼻翼和鼻梁比例是评价鼻子美观的关键因素之一。

2. 个性美的视角

个性美强调的是个体的独特性和个人特征的美，鼻子的形态和线条在此方面可以非常独特。

> **注意事项**
>
> 个性美还包括在保持面部特征和谐的同时，利用对比增强个性特征。例如，通过调整鼻子与面部特征的关系，可以创建独特且和谐的面部外观。

文化特定形态 在不同文化中，鼻子的理想形态可能有所不同。例如，一些文化可能偏好较高的鼻梁，而其他文化则可能更喜欢较低而宽广的鼻型。这种多样性使得鼻子的美学评价更加个性化。

个人特征的突出 个性美还关注于如何使个人的独特面部特征更加突出。例如，有些人可能拥有与众不同的鼻型，如鹰钩鼻或短鼻，这些特征可以通过合理的设计来强化其个性表达，使个体的面部更具特色和记忆点。

四、鼻部测量实施方法

掌握鼻部美学标准的测量和评估方法，包括使用专业工具进行鼻部各项参数的测量，理解鼻部形态与面部整体美学的关系，并能够进行科学且专业的鼻部美学评估。

（一）工具测量法

测量方法：鼻部相关的长宽比例和夹角角度的主要测量方法有直接测量法和间接测量法。直接测量法可以使用尺子和量角器在求美者面部进行测量；间接测量法是在求美者允许的条件下，拍摄正面头像照，使用测量工具对照片进行测量和计算，以间接完成鼻部长宽比例和夹角的测量。

在测量鼻子长度时，需要用尺子从两眼内眦连线的中点测量到鼻尖的最高点，再用尺子测量从前额发际线中间点到颏底线的长度，得到面部长度。通过测量这两个长度，可以计算它们的比例关系。使用量角器放置在鼻根处，测量鼻额角的角度；同样，将量角器放置在鼻小柱基底处，测量鼻唇角的角度。

> **注意事项**
>
> 我们在测量鼻部长宽、各夹角角度时，应保持头部相对稳定，尺子放至水平或垂直方可完成测量。为减小测量误差，应多次测量，取平均值。

（二）观察测量法

1. 拍摄多角度照片

（1）准备工作：在进行拍摄前，应先取得王小姐的同意，并确保拍摄环境光线充足，背景简洁。告知王小姐拍摄的目的和过程,以获得其配合。

(2) 拍摄角度:使用手机或专业相机拍摄王小姐的正面照,左侧90°、左侧45°、右侧90°、右侧45°照。各角度的照片可以全面展示鼻子的不同侧面,帮助观察鼻部在面部整体中的位置和形态。

(3) 拍摄技巧:确保镜头与王小姐的面部平行,保持适当的距离,使照片清晰且无变形。避免拍摄时的阴影和反光,以保证图像质量。

2. 目测观察

(1) 正面观察:通过正面照片,评估鼻梁的直线性、鼻尖的形状和鼻翼的宽度。观察鼻子是否居中,两侧是否对称。

(2) 侧面观察:通过侧面照片,评估鼻梁的高度和弧度,鼻尖的突出程度,以及鼻根与鼻尖的相对位置。

(3) 45°角观察:通过45°角照片,评估鼻子的立体感和鼻翼的曲线,观察鼻子与面部其他特征的比例关系。

3. 素描观察法

(1) 垂直水平线描绘(图4-3-7):在照片上绘制垂直和水平线,确定鼻子的中心线和水平线,以便更准确地进行比例测量。垂直线应通过鼻梁中心,水平线应与鼻根和鼻尖相交。

(2) 比例测量:通过绘制的线条,测量鼻梁的长度、鼻尖的高度、鼻翼的宽度等关键参数。计算这些参数的比例关系,如鼻梁长度与面部长度的比例、鼻翼宽度与面部宽度的比例等。

(3) 形态分析:通过素描图观察鼻子的形态,评估鼻部的各个部分是否协调,识别出可能需要改善的区域。结合目测观察的结果,对鼻子的美学特征进行综合评估。

图4-3-7 垂直水平线绘制

任务实施

鼻部测量实施步骤如图4-3-8所示。

4-5 鼻子与鼻周边美学设计关系

1. 准备阶段

工具准备:确保所有必要的测量工具,如尺子、量角器、照相机等,均已准备就绪并校准。

环境设置:选择光线良好、背景简洁的环境进行测量,以避免数据误差。

求美者准备:与王小姐进行沟通,解释测量的目的和过程,确保王小姐了解并同意参与。

2. 直接测量

鼻梁长度测量:使用直尺测量从鼻根部至鼻尖的直线距离,作为鼻梁长度的参考值。

鼻尖到颏底的长度:测量从鼻尖直线到下颌的最低点的距离,用以评估鼻部与下颌的比例关系。

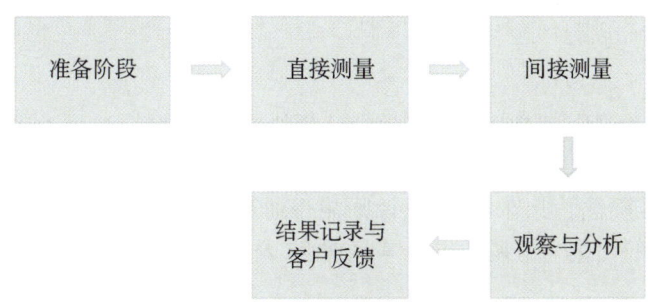

图4-3-8 鼻部测量实施步骤

鼻宽度测量:在鼻翼最宽处放置尺子,测量鼻翼间的最大宽度。

3. 间接测量

照片准备:按照之前描述的方法拍摄多角度照片,确保照片清晰无反光。

照片上测量:使用图像处理软件在照片上标出关键点,如鼻梁起点、鼻尖、鼻翼最宽处等,并进行长度和角度的测量。

比例计算:计算各项测量数据的比例,如:鼻梁长度与鼻翼宽度比,鼻梁与面部长度比等,以评估鼻部与面部其他特征的协调性。

4. 观察与分析

形态观察:通过目测和照片比较,观察鼻部形态在不同角度下的展示,如鼻梁的直线性、鼻尖的立体感等。

角度分析:使用量角器测量鼻额角和鼻唇角,这些角度反映了鼻子与脸部其他部分的和谐程度。

问题识别:基于测量结果,识别鼻部可能存在的美学问题,如鼻梁过低、鼻尖过尖或鼻翼过宽等。

5. 结果记录与反馈

详细记录:将所有测量数据和分析结果详细记录在求美者档案中,便于后续的比较和评估(表4-3-1)。

表4-3-1 求美者信息登记表

分类	鼻部形态整体			鼻部形态局部		
类目	形态	比例	整体线条	鼻小柱	鼻额角	鼻唇角
基本情况						
评估结论						

沟通交流:向王小姐详细解释测量结果和发现的问题,讨论可能的改善方案。

方案建议:根据王小姐的具体需求和测量结果,提出个性化的美容建议或医疗美容方案。

 任务评价

鼻部测量的任务评价将综合评估美学设计师的操作规范性、数据处理能力和沟通技巧。评价将聚焦于美学设计师在测量过程中的精准度和细节关注,是否能规范使用测量工具和设备,确保数据的准确性。此外,美学设计师能否通过测量结果进行深入分析,准确评估鼻部与面部其他特征的比例与协调性也是考察重点(表4-3-2)。

表4-3-2 鼻部测量评估测评表

序号	评价内容	评 价 要 点	分值	自评	导师评价	备注
1	工具准备、使用及工具整理	测量工具的准备是否规范,使用是否准确,操作是否符合要求	10			
2	初步评估能力	通过目测是否能迅速识别鼻部的主要特征及存在的问题	20			
3	测量规范性与精准性	在测量过程中是否严格按照规范操作,数据记录是否详尽、准确,确保所有测量数据符合客观标准	25			
4	数据记录与分析	数据记录是否准确、清晰,分析结果是否与预期一致	35			
5	沟通与反馈能力	在分析结果后,能否清晰、有效地与求美者沟通,解释测量结果	10			
	合 计		100			

 延展思考

每个人的面部特征独特,即使鼻部测量接近美学标准,也可能存在个性差异。如何在尊重个体差异的同时,保持鼻部设计的和谐,避免标准化设计抹杀个性美感?

学习活动二:鼻部美学的设计

相关知识

在现代美学中,鼻子作为面部的中心元素,其形态、位置和表情同样重要,体现了一种独特的审美价值。形态是构成鼻部静态美的首要因素,一般认为直而不弯、端正有型的鼻梁与和谐的鼻尖是美的标志。位置上,鼻子应与面部其他部位如眼睛和嘴巴保持适当的比例和对称,这样的位置关系有助于增强面部的整体和谐感。至于表情,虽然鼻子无法如眼睛般表达丰富情绪,但适宜的鼻翼动态和适度的呼吸状态可以显现自然舒适的生活状态,增加观察

者的美感体验。总之,一个美观的鼻子不仅要符合静态的造型美,还应考虑到动态时的自然表情,以达到最佳的视觉效果和审美体验。

> **小提示**
>
> 不同人种的鼻子形态各不相同,欧洲人普遍鼻子高挺,而东亚人普遍鼻子低矮。因此,在进行面部设计时,应首先考虑求美者的面部先天基础条件,在符合整体审美的前提下,再进行鼻部形态的设计,使其更加合理。

一、鼻部美学方案的设计要点

(一)鼻部的设计原则

1. 整体性和协调性

在面部设计中,我们首先要考虑整体性,确保不同部位的美感协调统一。如王小姐拥有较宽的眼间距和较低的鼻梁,若单一追求鼻梁高挺可能会与原有的面部特征不协调,反而选择适度提升鼻梁高度,保持自然状态,可能更适合她的圆脸和扁平五官。

2. 与邻近部位的呼应原则

面部各部分应该相互呼应,形成和谐的整体。以王小姐为例,考虑到她宽阔的眼间距,设计时应确保鼻梁的提升与眼睛、下巴等其他部位的比例相协调。例如,鼻尖高度应与下巴的形态相匹配,避免造成视觉上的不平衡。

3. 适应面部轮廓的变化

在鼻部设计中,还需考虑面部其他轮廓的变化。例如,面部的轮廓线条从前额到下巴应呈现出自然的S型弯曲,鼻子作为这个弯曲的中轴部分,应承担起整体面部比例的协调作用。如果面部整体轮廓较为平坦,鼻部设计时可以考虑在鼻梁部分稍微提升,增加立体感,但要避免让鼻部成为视觉的"焦点",破坏整体和谐。

4. 文化背景和美学标准的融入

在鼻部设计时,还需考虑文化背景和美学标准。不同地区和文化对于鼻部美学有不同的偏好。例如,在东方文化中,通常强调鼻梁适中、鼻尖圆润,而在西方文化中,较为高挺的鼻梁被视为标准。设计时应充分考虑个体的文化背景和审美标准,避免一味追求某种普遍标准,而忽视了个体差异。

5. 功能性与美学的平衡

鼻部的设计不仅仅是为了外观的美感,更应考虑其功能性,尤其是在医学美容中。鼻腔的通畅性、呼吸的舒适度以及面部表情的自然流畅,都是鼻部设计时需要关注的因素。因此,在追求美学的同时,设计应确保鼻部的功能不受到妨碍。例如,鼻梁过高或鼻尖过小可能会影响正常的呼吸功能,设计时应避免这些极端情况,确保美观与功能性兼顾。

(二)鼻部设计的视觉心理

鼻子的形态、长度不仅影响整体的审美,还会带来不同的视觉心理效果。对于王小姐来说,选择一个适中而略带圆润的鼻型可能更符合她的温和、亲和的职业形象,相比之下,过于尖锐或过高的鼻型可能会给人带来严厉或不和谐的感觉。通过合理的设计,可以增强她的个人魅力,并保持面部的整体和谐与美感。

(1) 高挺鼻:心理上,较为高挺的鼻型往往给人一种自信、果断的印象,符合领导力、理性和冷静的性格特征。过高的鼻梁可能会带有严厉感。

(2) 圆润鼻:较为圆润、柔和的鼻型通常传递温和、亲切的信号,符合善良、温暖、友好的性格特征,给他人带来安全感。

(3) 扁平鼻:扁平或低平的鼻型可能会给人一种温顺、含蓄的印象,但如果过于扁平,可能会给面部带来缺乏立体感的视觉效果,导致面部显得较为单一或平淡。

(4) 尖锐鼻:过于尖锐的鼻型可能引发冷酷、严厉或过于严肃的心理联想,常常给人带来距离感,缺少亲和力。

> **知识链接**
>
> 当我们在沟通中发现求美者过度追求鼻子美学设计的效果时,应该分析其背后的原因。通过实际分析和疏导,帮助求美者理解合理的期望。在达到双方认可的预期效果后,再制定具体的设计方案。

4-6 鼻子与面部整体协调性的美学分析

二、鼻部美学设计路径

(一) 医学美容方式

1. 适合情况

求美者有明显的鼻部外形缺陷或对其鼻部形态不满意,如鞍鼻、歪鼻、鼻根低平等情况时,医学美容技术可以提供有效的改善方案。

(1) 鼻骨发育不全:鼻根处外观低矮,可以通过垫高鼻根的医学美学设计进行改善。

(2) 鼻软骨发育不全:鼻梁、鼻头低矮,可以通过垫高鼻梁和抬高鼻小柱的医学美学设计方案。

(3) 鼻翼宽厚:可以考虑减少相应软组织体积来改善。

(4) 鼻子歪斜:可以考虑通过鼻假体植入来调整。

2. 需要注意

医学美容技术可以通过手术、注射、激光等方式改善外表缺陷,提升整体美感。这种方式需要专业医生的指导和操作,效果较为明显且持久。

医学美容技术虽然可以改善鼻部形态,但也存在一定的风险和副作用。因此,在选择时应该慎重考虑,并咨询专业医生的意见。此外,求美者需要符合以下条件:身体健康、无严重疾病史、无过敏史等。

(二) 人物形象设计方式

1. 适合情况

求美者对自身形象有较高要求,但不接受手术和注射等方式,同时在外表没有明显缺陷的情况下,可以选择以下非侵入性的形象设计方法。

(1) 鼻根不够高挺:选择适合的发型,如齐刘海可以适当掩盖鼻根上的不足,或使用化妆方法在鼻根处进行高光提亮。

（2）鼻梁不够高挺：通过化妆修饰，用阴影粉在鼻梁两侧进行修饰，增加鼻梁的立体度。

（3）鼻尖不够高挺：在鼻尖处使用高光粉进行提亮，这是化妆修饰的直接方法。

（4）鼻翼肥大：用阴影粉在两侧鼻翼处进行修饰，减少鼻翼的视觉宽度。

2. 需要注意

通过专业的化妆师和发型师的指导，根据求美者的面部特点和个性进行个性化的妆容和发型设计，突出优点，修饰不足，打造独特的形象。这种方式需要与专业人士合作，效果明显且可以灵活调整。

任务实施

鼻部美学设计实施步骤如图4-3-9所示。

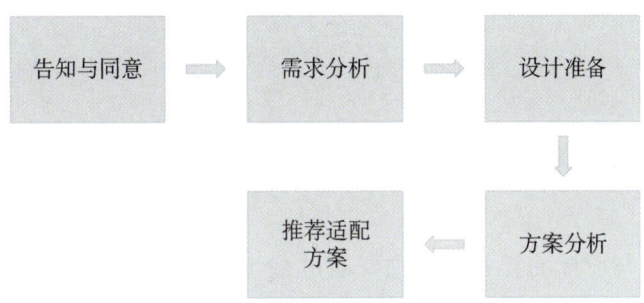

图4-3-9　鼻部美学设计实施步骤

1. 告知与同意

美学设计师需告知王小姐设计的各个步骤，并征得她的同意。这一步骤确保王小姐充分了解整个过程，建立信任基础。

2. 需求分析

通过咨询和沟通，美学设计师详细了解王小姐的内在和外在求美需求，并填写信息表。这一步骤有助于准确把握王小姐的期望和需求。

3. 设计准备

借助美学设计工具和绘图工具，对眼部进行整体和局部的详细设计。通过精细的设计工作，确保每个细节都符合美学标准。

4. 方案分析

通过分析设计结果，得出眼部形态美学方案的结论。综合考虑王小姐的面部特征和美学标准，制定最佳设计方案（表4-3-3）。

5. 推荐适配方案

结合各类项目的优劣势，为王小姐推荐适合的方案。这一步骤确保王小姐得到个性化的、最符合其需求的美学解决方案。

表 4-3-3 鼻部美学设计方案

依据	类目情况	鼻部形态基本诊断情况		影响因素	
		整体	局部	求美动机	基本信息因素
	解决思路				
	项目推荐				
	选择依据				
	方案结论				

任务评价

鼻部美学分析与设计的任务评价主要通过参与度、理解深度和创新应用三个关键维度进行。参与度反映了美学设计师在讨论、项目设计和案例研究中的积极性,直接影响对课程内容的吸收与理解。理解的深度则评估美学设计师是否能够深入分析鼻部美学标准随文化和时间的变化,以及这些标准如何与个体美学需求相结合。此外,创新性地将理论知识应用于实际设计中,特别是根据求美者需求提出个性化、功能性的解决方案是评价的核心内容。

评价的另一个重要方面是自我反思与批判性思维的发展。通过自我评估报告和项目反思,美学设计师能展现其对设计方案的批判性思考,特别是在平衡个性美学与共性美标准时的反应能力。这样的反思过程不仅促进了设计能力的提升,也推动了个人在美学分析中的持续进步,帮助美学设计师在个人与专业层面上取得更好的发展(表4-3-4)。

表 4-3-4 鼻部美学设计测评表

序号	评价内容	评 价 要 点	分值	自评	导师评价	备注
1	参与程度	通过讨论、项目设计、案例研究的活跃程度评价,评估参与度如何影响知识的吸收和理解	20			
2	理解深度	评估理解鼻部美学标准如何随文化和时间变化,以及对个人美学趋势变化及需求联系的认识深度	20			

（续表）

序号	评价内容	评价要点	分值	自评	导师评价	备注
3	实际应用能力	评价在实际设计中是否能结合理论知识和求美者需求提出创新解决方案，包括对求美者鼻部特征的分析和个性化设计的能力	30			
4	自我反省和批判性思维的发展	通过自我评估报告和项目反思来评价，特别是在解决个性与共性美学标准冲突时的反思和批判性思考能力	20			
5	技术和工具的运用	评价在使用技术和工具进行鼻部美学设计时的熟练程度	10			
	合　计		100			

延展思考

分析和讨论如何平衡求美者的文化期望与现代鼻部美学的普遍标准，以及在设计过程中如何处理潜在的文化敏感性问题？

（陈超、彭章松）

任务四　唇部美学分析与设计

学习目标

1. 了解唇部美学基础，理解唇部解剖与结构，掌握唇部分析与设计的方法。
2. 掌握唇部美学分析与个性化设计技巧，能够依据个体差异进行定制化方案设计。
3. 通过唇部美学设计，旨在引导学员树立正确的美学观念，倡导健康、美丽与自信并重的审美理念。

情景导入

小王，35岁，是一名高校教师，性格内向，在单位表现优秀，但对自己外貌的一丝不自信时常让她感到困扰。她有着一张时尚的面容，乌黑的长发披散在肩头。然而，她总是下意识地抿着嘴,不愿在公众场合开怀大笑,因为她觉得自己的嘴唇有些过于厚实。每次照镜子时,她都会不由自主地把目光停留在唇形上,怀疑自己是否符合常见的美学标准。为了得到专业建议,小王预约了著名美学设计师李老师。

任务分析

本任务将重点讲解唇部美学评估与设计方法,结合性别、年龄、职业、种族等因素,采用主观与客观的多维度评估方法。通过唇部解剖学分析,美学设计师将掌握唇肌、皮肤等结构,并学会运用客观数据为设计提供科学依据。

学习活动包括唇部解剖学习、尺寸和形态测量、数字技术应用等实际操作,结合案例分析,如小王厚唇改善案例,探讨不同审美标准对设计的影响。美学设计师将在实际工作中能精准执行唇部美学设计,满足个体需求,提升专业能力。

学习活动一:唇部美学的评估

相关知识

一、唇部美学基础

(一)唇部在面部美学中的角色

唇部在面部美学中有着举足轻重的地位。它不仅是情感表达的主要通道,还是展现个人魅力的重要特征。无论是唇形的轮廓、大小,还是唇色的深浅和质感,都会直接影响一个人的整体面部形象。从美学分析与设计的角度看,唇部的形态与面部其他部位的协调尤为重要。比例恰当的唇形,会与眼睛、鼻子、脸颊等特征相辅相成,提升整体面部的和谐美感。无论是上唇与下唇的比例,还是唇部与脸宽的关系,只有达到一定的协调性,才会让人感觉面部线条流畅、自然。

唇色的变化则能传达不同的健康信息和情感状态。健康红润的唇色往往被视为活力与生命力的象征,相反,苍白的唇色则容易给人带来虚弱、疲惫的印象。因此,唇色不仅影响美观,更在某种程度上反映了个人的健康状态(图4-4-1)。

图4-4-1 健康与唇色

除了静态的美感,唇部在表达情感时也发挥着至关重要的作用。无论是微笑、皱眉,还是喜悦、惊讶等表情,唇部的动作往往是情绪传递的关键。一个微妙的嘴角上扬,或是轻轻地噘唇,都会为面部表情增添丰富的情感层次。

因此,唇部的健康与美丽不仅仅在视觉上扮演重要角色,它也是人际交往中情感表达的一个核心要素。因此,关注唇部的美学分析与设计,不仅能提升个人形象,还能增强与他人交流时的自信与魅力。

(二) 唇部的文化与个性象征

在中国传统文化中,唇妆不仅象征美丽,还体现了女性的身份、地位以及她们应有的美德。唐代,丰满而红润的唇形被高度推崇,象征着富贵与繁荣,折射了那个时代对女性丰盈体态的偏爱以及对富足生活的追求。红色的唇膏不仅强调了厚实感,也传递出对美好生活的向往。进入明清时期,唇妆则变得更加小巧、精致。对称的唇形被认为是端庄、温婉的象征,反映了社会对女性含蓄内敛、从容优雅的期许。唇妆的变化不仅是审美的转变,更是社会对女性角色定位的变迁。

在中国传统戏曲中,唇部的颜色和形状也被赋予了特定的象征意义。红唇通常代表忠诚和正义的角色,黑唇则用于表现性格刚烈或神秘的人物(图 4-4-2)。不同唇色的选择不仅加强了角色的戏剧性,也通过唇妆传达出角色的内在品质和道德取向。这种象征体系揭示了中国文化中对于性格和美德的深层次理解。

图 4-4-2 唇色与人物角色

到了现代,唇妆继续演变,成为中国女性展现时尚与个性的重要方式。红色口红依旧占据主流,象征着吉祥、热情与力量,延续着中国文化中对红色的偏爱与信仰。然而,随着全球化的影响,西方丰满唇形的审美趋势也逐渐在中国年轻女性中流行。这种审美变化既体现了女性对自信与个性表达的追求,也显示出中国社会对多元审美观念的接受与融合。

这种唇部美学的差异不仅限于中国,其他文化中也有不同的审美传统。例如,在古代埃及,唇部浓烈的色彩象征着权力与地位,统治阶层常常使用天然染料强调唇部的色彩。而在现代西方文化中,丰满的唇形通常被认为是性感与自信的标志,许多女性通过唇部塑形来追求这一美学标准。

由此,唇部不仅仅是美学的体现,它也承载了社会地位、性别角色和文化价值的多重内涵。从中国古代的丰润唇形到现代的丰满审美,唇妆的演变不仅反映了文化的传承和变迁,也展现了全球范围内唇部美学的多样性以及作为个性表达的重要性。

(三) 唇部美学的影响因素

1. 生理因素是影响唇部美学的基础

随着年龄的增长,唇部的形态和质感会发生明显变化。年轻人的唇部通常饱满富有弹性,而年长者由于胶原蛋白的减少,唇部逐渐变薄,失去原有的光泽和弹性,甚至出现皱纹和色泽暗淡的问题。性别差异是唇部形态的重要影响因素之一。通常情况下,女性唇部比较柔和、饱满,在面部美学中常被视为体现女性特征的重要标志;男性的唇部则相对较薄,表现出更多的功能性,而非美学的强调。种族特征也不可忽视,不同种族的唇部形态存在显著差异。例如,非洲裔人群通常拥有厚实的唇部,东亚人群的唇部则相对较薄,这种种族特征不仅影响了唇部的形态和大小,还对美学标准有着深远的影响(图 4-4-3)。

图 4-4-3　不同种族人的唇型

2. 个体因素对唇部美学产生的直接作用

每个人对唇部美的理解都有所不同,这往往受到个人审美、文化背景以及个性风格的影响。有人偏爱自然唇形,另一些人则可能更倾向于通过整形手段来实现理想中的唇部美感。唇部的健康状况同样不可忽视。唇部的干裂、脱皮或色泽暗淡等健康问题都会削弱其美学表现,而健康、滋润的唇部通常被视为美丽的象征,反映了良好的生活方式和健康状态。

3. 环境因素通过外部条件影响唇部的状态

气候是一个重要的外部变量,湿度、温度等环境因素会直接影响唇部的外观。在干燥气候中,唇部容易出现干裂、脱皮的现象;温暖潮湿的环境则有助于保持唇部的水润光泽。此外,紫外线的过度照射以及空气中的污染物也会对唇部造成不良影响。长期暴露在阳光下可能会导致色素沉着,加速唇部的老化,产生皱纹,污染物则可能使唇部的质地变得粗糙,失去原有的健康色泽。

二、唇部美学解剖与结构

(一) 唇部美学与解剖标志

唇部的上界为鼻基底,两侧通过鼻唇沟(也称唇面沟)和口角至下颌沟界定,下界则由颏唇沟形成。唇部中间的口裂将唇分为上唇和下唇,口裂的两端为口角。在上唇的区域,进一步划分为3个亚单位,以两侧的人中嵴为分界:中央的人中区和两个外侧亚单位。下唇则作为一个独立的亚单位存在(图4-4-4)。

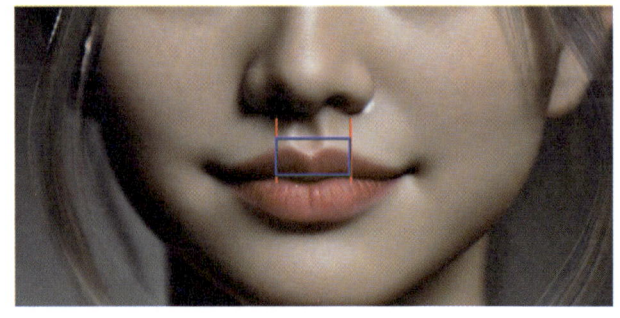

图 4-4-4　唇部结构与美学分析

上唇和下唇的游离缘是皮肤与黏膜的自然过渡区,包括外侧的白唇和内侧的红唇。红唇因其丰富的血供和角质层的缺失而显现鲜明的红色。在红唇与白唇的交界处,形成了清晰的唇红缘。红唇的黏膜部分又分为干红唇和湿红唇:干红唇黏膜无光泽且缺乏腺体组织,而湿红唇黏膜是口腔黏膜的一部分,富含腺体组织,向口腔前庭延伸,并在中线形成褶皱,称为上唇系带。

美学上,上唇的红唇缘呈弓背状,俗称唇弓,其在正中线略微向前凸起,形成人中点,两侧的最高点称为唇峰。在上唇正中处,红唇呈珠状突起,称为唇珠,增添了唇部的立体感和动态美。鼻小柱向下延伸形成的纵行浅沟称为人中,其上方中间的交点标记为人中穴,两侧相应的皮肤嵴则称为人中嵴。这些特征在唇部美学设计中扮演着至关重要的角色,不仅是解剖上的标志,更是美学评价和设计的关键参考点。

(1) 口角:位于上颌尖牙与第一前磨牙之间,是口裂的两端,通常成为面部表情的关键区域。

(2) 唇红:上下唇的游离边缘,作为皮肤与黏膜之间的过渡区,是唇部美感的重要组成部分。

(3) 唇红缘:标志着唇红与外侧皮肤的交界,是唇部设计中视觉对比的关键线条。

(4) 唇弓:上唇的整个唇红缘展现出弓形,赋予面部柔和而富有动感的美感。

(5) 人中点(人中切迹):位于唇弓中央,略显低凹并微微向前突出,是上唇和鼻底之间的一个重要美学标记。

(6) 唇峰:上唇两侧的最高点,形成了面部表情的鲜明轮廓。

(7) 唇珠:上唇中部唇红向前下方突出形成的珠状结构,增加了唇部的立体感和吸引力。

(8) 人中:一条从鼻小柱向下延伸至唇红缘的纵向浅沟,为面部中轴线添加了定义。

(9) 人中嵴:人中两侧各有一条平行的皮肤嵴,从鼻底延伸至唇峰,进一步强调了面部的纵向对称美(图4-4-5)。

图4-4-5 唇部结构图

(二) 唇部的结构与美学

唇部由外侧的皮肤、内侧的黏膜以及连接这两者的唇红区域构成。从外到内,唇部结构可以细分为五层:皮肤(表皮和真皮)、皮下组织、环形肌纤维层、黏膜下组织和黏膜层。

皮肤层中的白唇区含有皮脂腺和毛囊,这些结构不仅提供保护,还帮助保持皮肤的润滑与健康。而红唇区的黏膜下包含的腺体组织,具有分泌功能,有助于保持唇部的自然湿润,增加唇部的光泽与吸引力。

由于唇部皮下脂肪层较薄,皮肤和黏膜几乎直接贴合在肌肉上,这一特点使得口周的微表情和情感表达尤为丰富,但同时也容易形成细微的表情纹路。

口周肌肉的结构复杂,由环形肌纤维与辐射状肌纤维相互作用,形成了精细的口周动态控制系统。这些肌肉不仅支持唇部的基本运动,如张合、微笑等,也在塑造唇部轮廓和表情中起到核心作用。

(三) 唇部的健康与美学

> **知识链接**
>
> 在考虑唇部健康和美学时,血供与神经支配的健康不仅影响着唇部的基本功能,也影响着人的整体外观和自信。例如,充血的血管可以带来健康的红润唇色,而良好的神经功能可以维持唇形的对称性和动态美。因此,保持唇部血供和神经系统的健康对于实现和维持理想的唇部美学至关重要。

1. 唇部的血供

唇部的血供丰富,主要来源于面动脉及其分支。面动脉在口角上方分别发出上唇动脉和下唇动脉,这些动脉沿着唇部扩展,分布至上唇和下唇,提供必要的营养和氧气。血管的健康状态直接影响唇部的色泽和质感,健康的血液循环带来的是自然红润的唇色以及光滑、有弹性的肤质。在美学和健康的层面上,血管的良好供应不仅预防唇部干燥、开裂等常见问题,还能加速受损细胞的修复过程,提高唇部皮肤的再生能力。

2. 唇部的神经支配

唇部的神经支配主要由三叉神经的分支和面神经实现,这些神经控制着唇部的感觉和运动功能。三叉神经负责唇部的触觉、痛觉和温度感知,而面神经调控唇部的表情肌肉。良好的神经功能使得唇部可以灵敏地响应各种刺激,支持复杂的表情动作如微笑和皱眉。神经支配的完整性对于保持唇部的功能和美观同样重要。感觉神经的健康确保唇部对外界的反应适度和及时,有助于避免因触觉迟钝导致的伤害。

三、唇部美学标准

理想的唇部不仅应展现出红润饱满的外观,还应具备清晰而富有立体感的轮廓,与整体面部形态和美学比例和谐一致。在评估唇部美学时,综合考量形态、体积、轮廓、比例及皮肤质地至关重要,以确保其与面部的整体骨骼结构相融合。详细描述如下:

(1) 位置与对称性:唇部应位于面部中心,与瞳孔的垂直线对齐,并保持左右对称。周围皮肤无明显皱纹,口角应自然上扬。

(2) 轮廓与质地:唇线应清晰、流畅,无断裂。唇部肌肤柔软,触感细腻,表现出健康的光泽。

(3) 人中与唇形特征:人中线条清晰且对称,丘比特弓明显突出,唇珠具有立体感。上下唇比例协调,一般上唇略薄于下唇。

(4) 立体视觉:从侧面看,上唇应略微突出于下唇,维持自然的倾斜角度。下唇的最前端应位于审美的理想平面上或稍后。

(5) 整体面部比例:在整体面部比例中,横向观察时,唇部长度应大于鼻翼间距,但小于双瞳孔之间的距离,体现出面部横向比例的协调美。纵向来看,从鼻尖到下颌的整个下面部区域可等分为三段:鼻尖至上唇为上三分之一,上唇至下唇为中三分之一,下唇至下颌为下三分之一,这种三等分结构有助于判断面部纵向比例的平衡与美感(图4-4-6)。

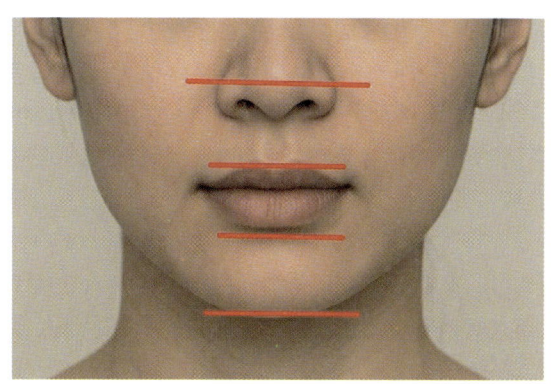

图 4-4-6 面下部比例分区示意

(一) 唇部的色泽度和丰满度

唇部的色泽是判断个体健康状况的重要标志。红润的唇色通常显示出良好的血液循环和血氧饱和度,这不仅体现了健康的内在状态,也构成了唇部美感的基础。

唇部的丰满度则反映出年轻态与美学价值。年轻人的唇部富含胶原蛋白和透明质酸,因此显得饱满有弹性。然而,随着年龄的增长,这些物质逐渐流失,导致唇部容积减少,唇纹增多,失去原有的丰盈感。

在唇部美学中,不同文化对理想比例有不同的审美偏好。例如,西方美学更倾向于下唇的高度是上唇的两倍,上下唇体积比例约为 1:1.6。而在东方,女性的上唇往往稍厚一些,上下唇的比例更接近 1:1.1 到 1:1.2。这些比例并非一成不变,而是根据个体的面部特征和文化背景进行调整。

此外,唇红的厚度适中能够增加唇部的丰盈感与立体感。通过调整唇红与唇宽的比例,还可以打造出更加圆润自然的唇形,从而提升整体的美观度。

(二) 唇部的高度比例

在正面观察时,上唇高(从鼻下点到上唇下缘)通常占下面部的 1/3,而下唇至颏部的距离占 2/3。唇部形态随年龄阶段不同而有细微变化。随着年龄的增长,面部骨骼如上颌骨的后侧移动和眶外侧以及眶下缘的下移,导致软组织附着点发生变化,最明显的表现为上唇下垂和上前牙的暴露量减少。同时,下唇及整个唇部的面积和高度随着年龄增长而增加,直到青春期晚期后开始逐渐减少。

在年轻人群中,平均上红唇高度为 7~9 mm,不同人种间也存在差异。高加索人种的上红唇相对较薄,而东亚人种的上红唇相对较厚。上白唇的高度(从鼻下点至上唇唇红缘的距离)通常在 12~20 mm。红白唇的比例是评估唇部吸引力的重要因素,一般认为上红白唇比例在 1:(1.2~2.3)之间较为理想。同时,上下红唇的高度比例在 1:(1~2)之间被认为较为美观,而 1:1.618 被视为黄金比例,代表了最佳的上下红唇高度比。

人中的长度通常反映了唇部皮肤的高度,可以分为三类:低上唇(高度低于 12 mm)、中等(12~19 mm)、高上唇(常高于 19 mm)。上唇皮肤低于 10~12 mm 通常认为不够美观。

(三) 唇部突度和"鼻-唇-颏"关系

1. 唇部软组织的美学重要性

唇部软组织的突度在面部下 1/3 的美观中起着决定性作用,一直是面部美学的关注焦点。在临床诊疗中,患者常因不满意唇部突度而求诊,这直接关系到治疗的满意度。因此,对嘴唇软组织突度进行客观评估在诊断、治疗及预后评估中至关重要。理想的嘴唇应从鼻基部至上唇红缘,以及从颏唇沟至下唇红缘,展示出自然的凹面倾斜弧度。这种配置使嘴唇呈现出令人愉悦的"噘嘴"状,其中上唇应略微突出于下唇或与下唇持平为美。理想的上唇比下唇突出 1~2 mm,形成一个和谐的唇部轮廓。

2. 唇部形态的分类

从侧面观察,唇突出度可分为三类:凸唇(上唇明显前突)、正唇(基本直立的唇形)和缩唇(唇部明显后缩)。不同人种在唇形上展示出显著的差异:亚洲人多为正唇,非洲人倾向于凸唇,而欧洲人则可能表现为正唇或缩唇。

3. 唇的厚度

唇的厚度是指当口轻轻闭合时,上下红唇部的厚度。唇部的厚度可以大致分为四类:薄唇(厚度在 4 mm 以下)、中等唇(厚度约 5 mm)、偏厚唇(厚度在 9~12 mm)和厚凸唇(厚度超过 12 mm)。由于上下唇的厚度通常不一致,且下唇比上唇略厚,因此,在进行美学评估时,应单独观察上下唇的厚度。

> **知识链接**
>
> 在不同人种中,唇的厚度也表现出明显的差异。例如,非洲和某些亚洲人群的唇部通常比欧洲人群更厚,这是由遗传和环境因素共同作用的结果。

4. 唇突度的美学标准

评价面部侧貌时,面中、下 1/3 的和谐是关键,即鼻、唇、颏三者之间的关系极为重要。完美的侧貌轮廓取决于嘴唇的形态及突度,及其与相邻的下巴和鼻子的协调。当颏部形态突出时,即使唇部略有突出,侧貌也可显得和谐。相反,如果颏部较不突出,唇部的任何前突都可能使侧貌显示为后缩型,从而影响整体美观。

(四)唇部角度

1. 鼻唇角

这是由鼻尖到上唇的距离定义的角度,理想的角度范围是 90°~105°。较小的鼻唇角通常与精致而年轻的外观相关。

2. 颏唇角

由下唇边缘到颏部的角度,理想的角度范围是 120°~130°。较大的颏唇角有助于呈现更为流畅和自然的下颚线条。

3. 左右丘比特弓角和中间丘比特弓角

这些角度定义了上唇的形态,尤其是其轮廓的优雅曲线。理想的角度是左右丘比特弓角在 132°~134°,中间丘比特弓角约为 125°。这些角度有助于塑造丘比特弓的柔美与和谐。

(五)唇部的口裂宽度

在唇部美学设计中,首先关注的是嘴唇的大小,即口裂宽度。口裂宽度的理想标准依性别略有不同,一般男性为 45~50 mm,女性为 42~50 mm。评估口裂宽度的一种常用方法是:当双眼平视前方时,以眼球内侧为基点画垂直线,两条垂直线之间的距离即为口裂宽度。

根据口裂的宽度,嘴唇可以分类为三种类型:

(1) 小口裂:宽度在 35 mm 以下,给人一种精致而内敛的印象。

(2) 中等口裂:宽度在 36~50 mm,这是最常见的范围,通常与面部其他特征保持和谐。

(3) 宽大口裂:宽度超过 50 mm,可呈现出一种明显的个性化特征,适合那些追求突出唇部表达力的设计。

四、唇部美学评估实施方法论

(一) 黄金比例测量法

黄金比例(1∶1.618)作为自然界和艺术中的完美比例,在面部美学设计中具有重要意义,特别是在唇部的协调性分析中。首先,需要明确唇部上下唇的高度比。通常,理想的比例为 1∶1.6,上唇略小于下唇。测量时,可以使用卡尺或其他精确工具,从鼻子下缘到唇部边缘,再从下唇至下颌上部,分别记录上下唇的高度,计算其比例。

为了进一步分析唇部的协调性,需结合唇部与面部其他结构的比例关系。可以通过测量口裂宽度(即两侧口角之间的距离),并与鼻翼宽度相对比,确保宽度比例接近黄金比例。使用简单的垂直线工具,从眼球内侧垂直向下延伸至口角,记录此距离,并与鼻翼宽度作对比,观察是否符合 1∶1.618 的比例要求。

● 注意事项

在分析唇部在面部下 1/3 区域的高度比例时,应将鼻唇间距与鼻尖至下颌尖的整体距离进行测量,以确保唇部设计既符合个人面部特征,又保持整体的美学平衡。

(二) 面部整体协调理论的评估与测量

在评估唇部与面部整体的协调性时,要先测量唇部的宽度和位置。使用垂直线从眼球内侧向下延伸,确定唇部宽度是否与鼻翼的宽度基本一致,或唇部宽度稍宽。确保两者比例协调,这是评估面部整体平衡的重要步骤。

关注面部下 1/3 区域的比例关系。测量从鼻底到下颌尖的垂直距离,将其分为三个部分:鼻唇距离、唇颏距离和下颌高度,分析这三个部分的比例是否符合标准。鼻、唇、颏之间的距离和角度是决定唇部与面部整体协调的重要依据。

评估唇部的突出程度,使用侧面角度的图像或美学测量工具,检查唇部的突度是否与下颌的轮廓相符,确保面部的立体感。通过这些测量方法,可以获得唇部与面部整体的比例关系数据,从而为进一步的美学分析提供科学依据。

(三) 性别差异和年龄分析法

在唇部美学评估中,需要详细测量唇部的厚度和形态,性别和年龄是影响这些测量数据的关键因素。精确测量男性和女性的唇部厚度和下巴突出程度,可以得出两者在解剖结构上的差异。男性的唇部通常较厚,下巴更为突出,测量时应特别注意下巴与唇部的相对比例,以评估其整体平衡性。

随着年龄增长,唇部的胶原蛋白和透明质酸含量下降,可通过测量唇部的厚度变化,分析唇部的丰满度如何随时间减少。建议测量上下唇的厚度、唇线的清晰度以及口角的提升程度,记录这些数据并与不同年龄段的标准值进行对比。

根据不同年龄段的唇部变化,重点分析唇部在三维形态上的变化,尤其是唇部与周围面部结构的关系。通过对比测量数据,评估唇部的健康状态,并确定唇部是否失去了原有的对称性或丰满感。这些测量结果将有助于确定理想的唇部比例,进一步为个性化方案的制定提供依据。

通过本次任务实施,将掌握唇部美学标准的测量和评估方法,包括使用专业工具进行唇部各项参数的测量,理解唇部形态与面部美学的关系,并能够进行科学且专业的唇部美学评估,以下是唇部的测量和评估实施步骤(图4-4-7):

图4-4-7 唇部的测量和评估实施步骤

1. 准备阶段

工具准备:准备所需的精确测量工具,如卡尺、垂直线工具、数字摄影设备等。这些工具将用于对唇部形态进行精确测量和分析。

理论复习:复习黄金比例、面部整体协调理论,了解性别和年龄对唇部美学的影响,以便在测量时能更好地评估小王的美学需求。

2. 测量步骤

(1)黄金比例测量。

测量上下唇高度:使用卡尺从鼻下缘到上唇边缘进行测量,再从下唇边缘到下颌上部测量,记录两个垂直距离。

计算比例:计算上下唇的高度比,查看该比例是否接近1∶1.6的理想美学比例。

测量口裂宽度:使用垂直线工具,从眼球内侧垂直向下延伸至口角,测量并记录口裂宽度,并与鼻翼宽度进行比较。

(2)面部整体协调测量。

唇部宽度测量:确认小王唇部宽度是否与鼻翼宽度相符或略宽,以确保面部整体和谐。

下三分之一比例测量:从鼻底到下颌尖测量距离,评估鼻唇距离、唇颏距离与下颌高度的比例是否协调。

3. 数据记录与分析

数据记录:详细记录所有测量数据,包括数值和比例,确保数据准确性和可追溯性(表4-4-1)。

数据分析:对测量数据进行分析,评估与理想美学标准的偏差。

表 4-4-1 唇部美学信息数据记录表

步骤	测量项目	测量数据（数值/比例）	分析结果与备注
准备阶段	工具准备		
	上唇高度		
	下唇高度		
	上下唇高度比例		是否接近1∶1.6理想比例
	口裂宽度		与鼻翼宽度比较
面部整体协调测量	唇部宽度测量		
	唇部宽度		是否与鼻翼宽度相符
	下三分之一比例测量		鼻唇、唇颏距离与下颌高度的比例
	男女性唇部厚度对比		
	年龄变化唇部厚度测量		与标准值对比
三维形态学分析	唇部立体结构捕捉		
	唇部立体形态评估		记录正面及多个角度的形态
	多角度对比		评估唇部与面部其他部位的协调关系
数据记录与分析	数据记录和分析		

任务评价

唇部评估的任务评价将综合考察美学设计师在测量精度、数据分析和个性化方案制定等方面的表现。评价重点在于美学设计师是否能够精准使用测量工具，确保各项数据的准确性与可靠性。同时，美学设计师是否能运用黄金比例及面部协调理论，合理评估唇部与其他面部特征的比例关系，判断上下唇的高度比和口裂宽度是否符合美学标准也将是重要考量（表4-4-2）。

表 4-4-2 唇部评估测评表

序号	评价内容	评价要点	分值	自评	导师评价	备注
1	工具准备、使用及工具整理	测量工具的准备是否规范，使用是否准确，操作是否符合要求	10			
2	初步评估能力	通过目测是否能迅速识别唇部的主要特征，准确判断出改善方向，并合理制定后续的评估步骤	20			
3	测量规范性与精准性	在测量过程中是否严格按照规范操作，数据记录是否详尽、准确，确保所有测量数据符合客观标准	25			

序号	评价内容	评价要点	分值	自评	导师评价	备注
4	数据记录与分析	数据记录是否准确、清晰,分析结果是否与预期一致	35			
5	沟通与反馈能力	在分析结果后,能否清晰、有效地与求美者沟通,解释测量结果	10			
	合　　计		100			

  延展思考

在唇部评估中,除了黄金比例,是否存在其他有效的美学标准来指导唇部形态的优化?如何结合不同种族、性别、年龄等因素进行评估?

学习活动二:唇部美学的设计

  相关知识

在美学设计中,唇部的形状、颜色和动态表现不仅是面部表情的关键元素,也成了视觉表达的核心组成部分。优雅对称的唇形经常被认为是美的标准,其中,平衡的上下唇比例和清晰的唇线是关键因素。唇部位置的协调,与眼睛和鼻子等其他面部特征的适当比例关系,能极大提升整个面部的和谐与吸引力。

尽管唇部的表情变化不如眼睛那样复杂,合适的唇形和丰富的颜色变化却能显著增强面部的表现力和生动性。例如,微笑时唇角的轻微上扬,或说话时唇部的自然运动,都能展现个体的魅力和情绪状态,从而增强观者的审美体验。此外,美观的唇部不仅应满足静态的形态美,还应包含动态的表情变化,以实现最佳的视觉和审美效果。这种唇部设计融合了形态、色彩及材质的完美结合,是专业美学中不可或缺的一部分。

小提示

在进行唇部美学设计时,应首先考虑求美者的自然唇形和面部特征。设计方案需在符合个人及文化审美标准的前提下,进行合理的唇形调整,以增强整体面部的和谐美感并突出个性特征。

一、唇部美学方案的设计要点

(一)形态与比例的和谐

在唇部美学设计中,形态与比例的协调性是打造自然、美观和平衡外观的关键。优秀的设计不仅要符合视觉美感,还需满足人体工程学和生理学的要求,确保唇部在各种表情和功能中始终保持美观与舒适。例如,求美者小王是一位性格内向的高校教师,她对自己的厚唇感到自卑,尤其在公开场合微笑时。这种情况凸显了唇部美学设计的价值,即通过调整形态与比例来提升个体的自信和舒适感。

为了实现这一目标,设计过程中必须综合考虑自然比例、面部特征以及视觉技巧的运用。其中,理解唇部的自然比例是设计的基础。理想的唇部设计中,上唇通常比下唇略薄,比例约为1∶1.6。这种比例既符合自然美学原则,也契合大多数人的审美偏好。设计时需要精准测量上下唇的厚度,以确保视觉上的平衡与和谐。此外,唇部的设计还应与整个面部的比例保持一致。比如,唇宽应与鼻宽相当,唇部的位置则应与眼睛下缘平行,这种设计能够增强面部的整体对称性与美感。

● **注意事项**

我们在实际设计过程中,还需根据求美者的具体面部特征进行调整。不同脸型对唇形的需求不同,例如,圆脸型适合稍尖的唇形,能增加面部的线条感;而方脸型则适合较圆润的唇形,能够柔化面部轮廓。

此外,视觉技巧在唇部美学设计中也起到关键作用。通过颜色和光影的运用,可以进一步优化唇部的比例与形态。例如,在唇中心使用较亮的颜色,能够让唇部显得更加丰满;在唇线外围使用较暗的色调,可以增加唇部的定义,从而增强立体感。此外,精细的唇线处理,尤其是杯状弓部分的精细描绘,也能有效改善唇部形态,使其与面部其他特征更加协调。

(二)色彩的准确应用

在选择唇部色彩时,肤色协调与个性化搭配是重要的考量因素。唇色应根据求美者的肤色来进行个性化选择。对于浅肤色的个体,如求美者小王,浅粉色或裸色等自然色调是理想的选择。这些颜色不仅能增强肤色的自然光泽,还能让整体形象显得更加柔和、亲切。相较之下,深肤色的求美者适合选择更为鲜明或深沉的色彩,例如梅红色或栗色。这类颜色能够有效突出唇部轮廓,使表情更加鲜明有力。

其次,还应考虑色彩的场合适应性。求美者的职业和经常出席的社交场合对唇色选择有很大影响。像求美者小王这样经常需要在正式或商务环境中表现的人,适合选择较为低调、专业的唇色,如裸色或淡粉色。这些色彩既能帮助她保持专业形象,又能避免因唇部色彩过于鲜艳而带来的不适感。而在非正式的社交场合,可以选择更为明亮、富有光泽的唇色,增添活力和吸引力。

色彩不仅关乎视觉效果,还能传递情绪,这就是色彩心理学的应用。温暖的色调如红色或橙色,通常与活力、热情相联系,适合那些希望在社交场合中突出个性的求美者。冷色调如蓝色或灰色,则更加适合需要展现专业性或稳重感的职业场合,有助于塑造平静、权威的形象。

(三)动态与静态的结合

在现代唇部美学设计中,成功的设计方案不仅需要在静态时刻展现完美的美感,更应关注动态表现时的自然与和谐。这种设计理念要求设计师全面考虑唇部在表情变化中的表现以及如何在不同的社交场合下满足求美者的表情需求和审美追求。

1. 动静结合的设计原则

形态与功能的协调 在设计过程中,重要的是保证唇部形态能适应日常表情的变化,如微笑、谈话时的自然动态。设计时应确保唇部在动态表情下不会过度拉伸或变形,同时在静态时保持其美观度。唇部设计应与面部其他特征如眼睛、鼻子和脸型保持和谐的比例,形成一个整体的美感。

自然表情的支持 通过微调唇线和唇形,设计师可以确保即使在表情变化时唇部依然能够自然流畅地配合面部动作。例如,略微上扬的唇角可以在微笑时增强友善与自信的表达;适当的唇部填充则有助于在说话或其他表情时保持唇形的清晰与完整性。

2. 动静结合的设计技术应用

色彩与质感的平衡 根据求美者的肤色和个性来选择最合适的唇色,同时考虑唇色在不同光线和社交场合下的表现效果。优选的唇彩应具有持久的滋润和光泽效果,这不仅能够增强唇部的视觉吸引力,还能在维持唇部健康的同时,提升其在动态表情中的美感。

动态设计的技术调整 利用最新的化妆技术和材料,如长效且不易脱色的唇彩,结合天然保养成分,确保唇部美感的持久与自然。这些技术使得唇部在任何社交互动中都能展现出最佳状态,无论是静态美感还是动态表现。

二、唇部美学需求定位

在设计过程中,始终要以求美者为中心。成功的设计方案源于对小王需求的精准识别与分析。美学设计师需要深入了解小王的个性、生活方式、职业需求以及审美偏好,确保最终设计不仅具备功能性,还符合美学标准。

小王是一位内向的高校教师,觉得自己唇部过于厚实,尤其在公众场合时感到不自信,影响了她的职业表现。这一案例凸显了心理因素在唇部美学设计中的重要性。作为教师,小王在课堂和学术会议上频繁发言,唇部形态直接关系到她的自信心和表现力。因此,理想的设计方案不仅要在视觉上减轻唇部的厚重感,还要确保她在教学和公开场合中,能够自如地展现表情。经过技术上的精细调整,最终的设计显著提升了小王的自信和形象。

4-7 唇部与口周边美学关系

三、唇部美学设计路径

(一) 医学美容方式

在选择医学美容手段解决唇部美学问题时,以下情况可能尤为适合。

唇部体积调整:对于唇部体积过大或过小的个体,通常可以通过自体脂肪填充或透明质酸等生物兼容性高的填充物来调整唇部形态,恢复或增强其自然轮廓。

唇形对称性调整:对于先天或后天导致的唇部不对称,微整形手术(如填充物注射)能够精确地修复唇线,帮助实现对称。

唇色改善:色素沉着或唇色不均的个体,可以通过激光治疗或医用级化学剥皮来均匀唇色。

唇部皱纹治疗:适用于随着年龄增长而出现唇部细纹的个体,利用玻尿酸等抗衰老填充物,有效减少皱纹,恢复唇部的年轻态。

● **注意事项**

个性专业医生评估和操作:所有医学美容手术应由具备相关资格的专业医生执行,以确保程序的安全性和效果。在治疗前需进行全面的面部评估和健康检查。

效果与维护:尽管多数医学美容手段效果持久,但为了保持最佳效果,定期检查和适当维护是必要的。

潜在风险与副作用:医学美容手段可能会带来短期不适,如肿胀或瘀青,长期则可能出现如填充物移位等并发症。求美者需充分了解风险,慎重决策。

(二) 人物形象设计方式

在人物形象设计中,唇部美学是塑造和谐、吸引人视觉形象的重要元素之一。通过化妆技巧和美容处理,唇部的外观可以得到有效改善,适用于日常生活和特殊场合。以下是相关的应用原则及注意事项。

1. 适用场景

日常妆容:适用于日常工作和社交活动,唇妆应自然且持久,能够提升个人自信与舒适感。

特殊场合妆容:针对婚礼、聚会等特殊场合,选择更具表现力的唇妆,如鲜艳的唇色或高光效果,以契合活动的氛围。

专业场合:如演讲、演出或拍摄时,唇妆需符合专业形象,设计需突出唇部的表现力和清晰度,增强其舞台感和视觉冲击力。

2. 设计原则

色彩与肤色的搭配:根据求美者的肤色选择合适的唇色。浅肤色适合柔和的裸色或粉色,而深肤色适合更浓郁的红色或梅色,以凸显唇部的魅力。

唇形调整:通过精确描绘唇线和适当的唇彩填充,优化唇形,提升对称性与丰满度。唇线笔可用来清晰描边,而唇彩增加立体感和层次感。

动态表现的考量:唇妆设计需考虑到表情变化时的动态效果,如微笑或说话时的自然流畅感,使唇部在动作中显得更加协调自然。

3. 技术应用

持久化妆效果:选用长效唇彩,确保唇妆全天保持完美,减少补妆次数。使用防水或不易脱色的产品,以适应不同场合的需求。

健康材料选择:选择对皮肤友好的化妆品,避免含有害化学成分的产品,以保证唇部皮肤的健康。

视觉效果增强:通过高光和阴影技术,在唇部中央增加亮度,营造丰满的视觉效果,同时在唇边使用较深色调晕染,增强唇部的立体感。

唇部美学设计实施步骤如图4-4-8所示。

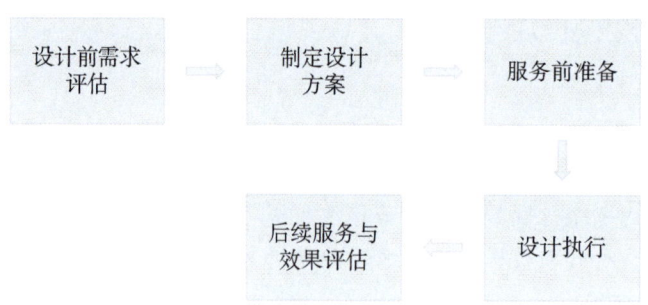

图 4-4-8 唇部美学设计实施步骤

1. 设计前需求评估

深入交流：与小王进行详细沟通，了解她对理想唇形的期望、是否有过相关美容经历，以及是否有日常生活中的特殊需求。

进一步整体评估：美学设计师对面部结构进行全面评估，尤其关注唇部的形状、大小、颜色，并考量其与整个面部的协调性。

2. 制定设计方案

个性化定制方案：依据专业评估，为小王打造专属的唇部美学计划。该方案将包括唇形的优化、色彩搭配以及选择适合小王的求美执行方式（表4-4-3）。

表 4-4-3 唇部美学设计方案

步 骤	项 目	详细内容	数据/记录	备注
需求评估	深入交流	求美者理想唇形的期望、是否有过美容经历、特殊需求		
	整体面部评估	面部结构评估（唇部形状、大小、颜色、面部协调性等）		
制定设计方案	个性化定制方案	唇形优化、色彩搭配、求美执行方式		
	方案确认与调整	方案展示、讨论效果、求美者反馈		
服务前准备	物理和心理准备	术前/化妆前准备说明（健康检查、皮肤测试、心理疏导等）		
	设备和材料准备	工具和材料的准备（是否符合安全和质量标准）		
设计执行	专业实施	手术、注射、化妆步骤的实施，保持精确和专业		
	全程监控	关注求美者的反应，确保舒适度，处理任何问题		
后续跟进	效果评估	记录术后或化妆后的效果评估		
	求美者反馈	求美者对服务效果的满意度反馈		

方案确认与调整：将设计方案展示给小王，讨论可能的效果，确保满足其期望，并根据反馈进行必要的调整。

3. 服务前准备

物理和心理准备：为小王提供详细的术前或化妆前准备说明，包括健康检查、皮肤测试等，同时解答疑问，缓解心理压力。

设备和材料准备：确保使用的设备和材料符合最高的安全和质量标准，准备手术或化妆所需的工具。

4. 设计执行

专业实施：无论是手术、注射还是化妆，每一步都需保持精确和专业。

全程监控：在服务过程中密切关注小王的反应，确保其舒适度并及时处理任何问题。

5. 后续服务与效果评估

后续服务：提供详细的后续服务建议，包括唇部护理以及饮食指南，确保恢复顺利。

效果跟踪与评估：定期进行服务随访，评估效果和小王的满意度，必要时进行微调或追加设计服务。

任务评价在唇部美学设计中至关重要，确保设计效果达到预期并保障质量。通过术前术后照片或三维图像对比，直观评估唇形、颜色及面部协调性改善。同时，采用标准化审美评分系统，客观评估对称性、唇线清晰度及颜色自然度。求美者的反馈也是重要评价标准，通过问卷和面对面交流了解真实感受，为优化设计提供参考（表4-4-4）。

表4-4-4 唇部美学设计测评表

序号	评价内容	评价要点	分值	自评	导师评价	备注
1	操作规范	步骤、手法科学规范	10			
2	设计方案	设计方案合理，符合审美规律	30			
3	技能应用能力	能有效进行唇部美学评估、方案设计与调整	30			
4	创新与问题解决能力	面对复杂或非典型唇部美学问题时，是否能灵活运用知识，找到创造性解决方案	20			
5	团队协作	配合、协作沟通的专业性	10			
	合　计		100			

延展思考

在追求长期唇部美学效果的同时，如何保持其自然感？讨论可能的技术和方法。

（韩超、王祉润）

单元五　躯干及四肢美学分析与设计

本单元旨在通过对颈部、乳房、躯干及四肢的美学分析与设计，全面培养美学设计师在美业相关领域的专业素养与实践能力。美学设计师将系统学习颈部、乳房、躯干及四肢的美学基本概念、评估维度、影响因素及设计原理，掌握科学的美学评估方法与个性化设计策略，涵盖从结构分析到优化方案制定的全过程。通过真实案例与模拟操作，美学设计师能够在实践中灵活运用所学知识，为求美者提供科学、和谐且符合个体需求的美学解决方案。此外，本单元强调科学与实践结合，尊重人体自然规律与个体差异，培养设计师的审美、责任与关怀，鼓励其求真务实态度，遵循规范，推动科学美学发展。

学习导航

躯干及四肢美学分析与设计
- 颈部美学分析与设计
  - 颈部美学的评估
    - 颈部美学基础
    - 颈部美学的评估的维度
    - 颈部美学分析与评估的方法论
  - 颈部美学的设计
    - 设计方案相关的因素
    - 颈部美学设计路径
- 乳房美学分析与设计
  - 乳房美学的评估
    - 乳房概述
    - 乳房的形态美学
    - 乳房美学分析的测量标准
    - 乳房测量与评估实施方法
  - 乳房美学的设计
    - 设计方案相关的因素
    - 美学需求定位
    - 乳房美学设计路径
- 躯干美学分析与设计
  - 躯干美学的测量和评估方法
    - 躯干美学概述
    - 躯干比例与形态分析
    - 躯干的美学部分
    - 影响躯干审美的因素
    - 躯干的美学标准与测量方式
    - 躯干美学评估方法论
  - 躯干美学的设计
    - 躯干美学设计的综合考量
    - 躯干美学设计路径
- 四肢美学分析与设计
  - 四肢美学的评估
    - 四肢概述
    - 影响四肢美学的因素
    - 四肢美学标准
    - 四肢美学评估实施方法论
  - 四肢美学的设计
    - 设计相关因素的综合考量
    - 四肢美学设计路径

任务一　颈部美学分析与设计

学习目标

1. 掌握颈部美学的基本概念,熟悉相关评估维度和设计要素,理解并掌握颈部美学分析与设计的方法论。
2. 掌握颈部的美学评估方法与设计策略。
3. 秉承严谨的科学精神,倡导理论与实践的深度融合,将科学的方法论应用于人体美学设计之中。

情景导入

王女士(图 5-1-1),一位 46 岁的企业高管,她的外表和形象对她的职业生涯至关重要。多年来,她依靠医美保持着年轻的外表,尤其是她的面部肌肤,让她在商务和社交场合中始终光彩照人。然而,随着时间的推移,王女士发现一个新的问题:尽管面部依旧年轻,她的颈部皱纹却越来越明显,这种不匹配开始影响到她的整体形象。

那么如果单一的解决问题手段效果不持久,作为美学设计师,如何采取全面的策略来改善个人形象?

图 5-1-1　求美者王女士

任务分析

颈部美学是整体人体美学的重要组成部分,尤其在保持年轻和谐的外观方面扮演着关键角色。在人体美学设计角度,颈部的美学问题常常被忽视,但它对整体形象的影响不可小觑。以王女士为例,颈部老化如皱纹和松弛皮肤,会直接影响她的视觉效果,尤其是在面部看起来年轻的情况下,颈部的老化尤为突出。因此,颈部美学不仅仅关注皮肤的紧致度和平滑度,还需考虑线条的流畅度和颈部与头部的比例协调,提升整体面容的和谐感。

在实际工作中,颈部美学的评估与设计需要细致入微地观察和精准的数据支持。通过对颈部的综合美学分析,美学设计师能够根据求美者的个体特征为其量身定制有效的改善方案。这不仅包括对皮肤状况的评估,还需要考虑颈部线条、姿势、生活习惯等多维度因素,综合运用解决手段,如服饰搭配、配饰设计等策略,提升颈部美感并优化整体形象。

学习活动一:颈部美学的评估

相关知识

一、颈部美学基础

颈部与下颌、颏部在解剖学上形成了一个连续的结构,这不仅在功能上相互关联,在美学上也是整体面貌的重要组成部分。以王女士的案例为例,颈部与下颌区域的和谐美对于面部整体的协调性和视觉吸引力至关重要。医学美学中提到的颈阔肌、耳韧带、浅表肌腱膜系统(Superficial Musculo Aponeurotic System,SMAS)等结构在支撑面部和颈部形态上起着关键作用,尤其是在保持下颌线条清晰和面部肌肉紧致方面(参见颈部美学 AR,请扫二维码和图片)。

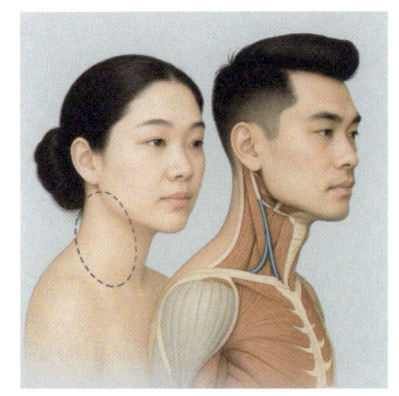

颈部美学 AR

从艺术学的角度来看,颈部美感不仅依赖于解剖结构,还与个人整体形象设计、服装搭配及色彩运用密切相关。例如,通过 V 领或开领设计的衣物可以凸显颈部的修长线条,增强优雅感。而配饰的色彩选择也同样重要,适当使用温暖或冷色调的饰品,可以将视觉焦点放在颈部,使其与服装和肤色和谐搭配,进一步提升整体美感。

因此,在评估颈部美学时,不能仅仅关注其线条和皮肤质感,还需结合整体造型和审美标准进行综合分析。通过这种多维度的理解,能够更精确地为个人打造符合其形象的美学方案。这种方案不仅体现在医学层面的提升,还贯穿于艺术设计和日常生活的应用中,实现对美感的进一步优化。正如王女士寻求的解决方案,既结合了专业的医美治疗,也融入了服装与配饰的艺术调整,展现了现代美学设计的多元整合与实用性。

二、颈部美学的评估维度

在进行颈部美学诊断时,需从多学科的视角综合考虑,包括医学、艺术、心理学和社会学等因素。这种多维度的分析方式不仅能帮助我们更好地理解颈部的美学特征,还能为制定

更全面的改善策略提供基础。以下是诊断颈部美学时应关注的关键方面。

1. 解剖与生理维度

（1）肌肉与韧带结构：颈部的外观与肌肉、韧带，特别是颈阔肌、耳韧带及浅表肌腱膜系统的状态密切相关（图5-1-2）。对这些结构进行评估，有助于了解颈部当前的外观状况以及老化趋势。这些信息对于个性化美容方案的制定至关重要，无论是医学治疗还是非医学手段。

（2）皮肤状况：颈部皮肤的质地、弹性、色泽及水分保持能力是美学诊断的重要因素。诊断时需注意颈部是否存在松弛、皱纹或色素沉着，这些问题直接影响治疗方案的选择以及预期效果（图5-1-3）。

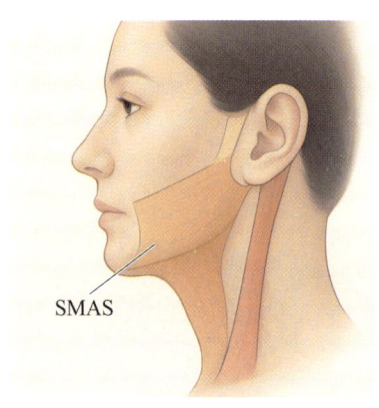
图5-1-2　浅表肌腱膜系统

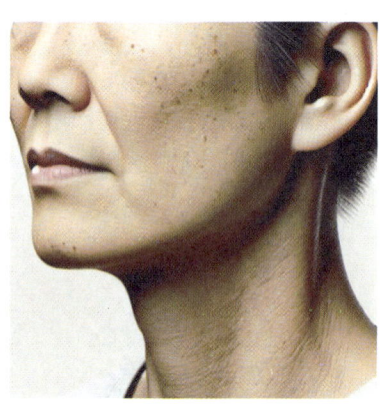
图5-1-3　颈部美学与皮肤质地

2. 视觉与审美维度

（1）视觉协调性：颈部与面部、下巴及下颌的协调性是美学设计的关键。在诊断时，需关注颈部线条是否流畅，是否与面部轮廓及颧骨结构形成和谐的整体感。

（2）服饰与配饰的影响：适当的服饰与配饰能显著提升颈部的视觉效果。例如，高领服饰可能使颈部看起来较短，而V领设计有拉长颈部的效果。此外，诊断时应考虑项链、围巾等配饰的颜色、材质和款式，这些都能影响颈部的视觉表现。

（3）色彩策略：色彩在颈部美学中扮演重要角色。错误的色彩搭配可能使颈部显得沉重或不协调。合理的色彩运用应综合考虑肤色、服饰以及场合，以确保颈部在不同环境中都能展现最佳美感。

● 要点提醒

颈部美学不仅关注颈部外观，更注重其与整体形象的协调。通过诊断评估颈部线条、肌肤状态以及颈部与面部、肩部的比例关系，可以制定出优化方案。

三、颈部美学分析与评估的方法论

在颈部美学的分析与评估过程中，采用科学化、系统化的测量与分析方法至关重要。通过整合多学科理论与技术,美学设计师能够准确识别影响颈部美感的各类因素,并为后续改善和设计提供可靠依据。以下为颈部美学分析与评估的核心方法论,旨在帮助美学设计师从多个维度实施标准化的测量任务。

1. 解剖结构的测量与评估

(1) 测量工具的使用:颈部美学的测量依赖于专业工具的精确数据收集,如测量带、数字卡尺、皮肤弹性测量仪等。这些工具测量颈部长度、颈围、下颌角度及颈部与下颌、颏部的比例关系。这些数据能帮助了解颈部的解剖结构与其美学特征的关联性。

(2) 颈部皮肤弹性与厚度评估:皮肤质地和弹性对颈部美感具有重要影响。通过皮肤弹性测量仪或手动触诊法,可以评估皮肤弹性和厚度,检测是否有松弛、皱纹等问题,并为皮肤紧致的改善方案提供基础。

2. 视觉协调性分析

(1) 角度与线条分析:通过专业摄影设备与面颈分析软件,从正面、侧面及45°等角度拍摄颈部,并进行建模分析,重点评估颈部与面部、下颌缘的衔接是否自然,颏颈夹角是否维持在理想的105°~120°,是否形成连贯的"S形"轮廓线。观察下颌缘清晰度与颏下线的流畅性,若出现颏下脂肪增生、皮肤松弛或线条过渡不清,可能影响整体面颈协调性与美感(图5-1-4)。

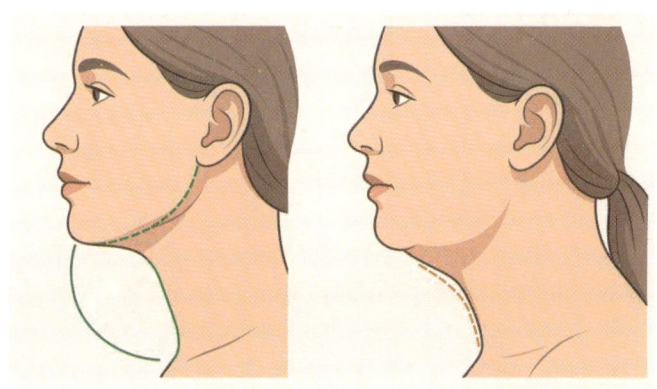

图5-1-4 理想与非理想颏颈线条对比

(2) 头部与颈部的整体比例分析:根据现代医学美学与形体评估标准,可对颈部的长度与宽度相对于头部比例进行科学分析,以判断其是否协调、自然。一般而言,颈部垂直长度约为头部(从头顶至颏尖)长度的2/3至3/4;横向宽度(在喉结水平处)为下颌体宽度65%~70%。该比例有助识别颈部是否显得过长、过短,或在视觉上显得过粗、过细,是否符合性别、年龄与面型结构的整体协调性。

3. 色彩与肤质的诊断

(1) 肤色测量与分析:颈部的肤色应与面部及整体皮肤色调相一致。美学设计师可借助色彩分析工具或色板对比颈部和面部的肤色,检测色差问题,尤其是色素沉着或暗沉情况。

(2) 光泽与水分含量检测:通过皮肤水分测试仪,测量颈部皮肤的水分含量和光泽度,判断是否存在干燥、暗哑等问题。通过这些数据,可以直观了解颈部皮肤健康状况,并为后续护理提供依据。

4. 动态观察与功能性评估

（1）姿态对颈部美学的影响：除了静态测量，美学设计师还需观察颈部在动态姿态下的表现。通过拍摄求美者在行走、坐立等动态姿态中的颈部表现，评估不良姿态（如低头、驼背）是否影响美感，进而为求美者提供姿态矫正的建议。

（2）肌肉功能性测试：通过轻触或仪器测试颈部肌肉的紧张度与松弛状态。过度紧张或松弛的颈部肌肉会改变颈部线条，影响美感。需判断是否需要通过肌肉锻炼或放松训练来改善颈部形态。

5. 综合分析与美学评估

数据综合与美学评分：将所有测量数据与视觉观察结果结合，进行全面的分析，形成系统性的诊断报告。美学设计师可以通过颈部美学指数等评分系统，对颈部的整体美感进行量化评估，为后续设计提供依据，并制定个性化改善方案。

● 注意事项

文化与个人审美考量：在量化分析基础上，还需结合求美者的个人审美偏好及文化背景进行主观评估，确保诊断结果符合求美者的审美期待及其社会文化背景下的美学标准。

任务实施

颈部美学评估的实施步骤如图 5-1-5 所示。

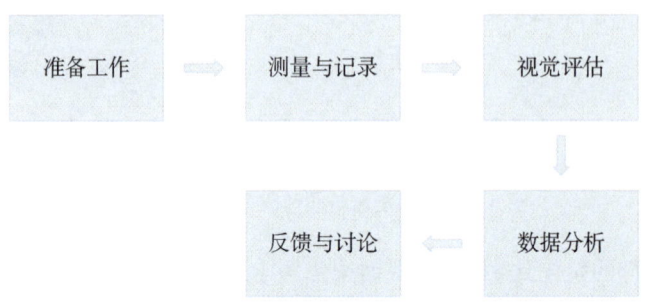

图 5-1-5 颈部美学评估实施步骤

1. 准备工作

信息采集：在进行评估前，首先要与王女士进行充分的沟通，了解其具体需求和期望。这包括对以往美学处理的经历、当前健康状况的了解，并收集相关的医学历史，为评估提供背景支持。

环境准备：确保评估环境光线充足且柔和，避免强光直射，以便更好地观察颈部的自然状态。准备好所需的测量工具和设备，如卡尺、软尺、皮肤弹性测量仪等。

2. 测量与记录

基础测量：使用软尺测量颈围和颈部长度，并记录数据。用卡尺测量颈部至下颌的距离,评估颈部的比例与对称性。

3. 视觉评估

拍照记录:从正面、侧面和45°角为颈部拍摄照片,用以辅助后续分析。照片需确保清晰,能够准确呈现颈部的状态。

动态视频评估:录制王女士在自然状态下颈部活动的视频,观察日常动作中颈部线条的表现,如转头、行走时的动态变化。

4. 数据分析

数据整合与分析:将所有测量数据与图像信息整合,利用专业软件进行深入分析,如颈部线条的流畅度及皮肤质地等。将王女士数据与美学标准或黄金比例进行比较,评估颈部的美学偏差。

初步诊断报告编制:根据分析数据,编制初步诊断报告,概述颈部的当前美学状态及存在的显著问题。报告应详细记录测量结果与视觉评估发现。

5. 反馈与讨论

结果讨论:与王女士讨论初步评估结果,确保其对自身颈部美学状态有充分的理解,并收集求美者的反馈及额外美学需求。

数据存档:将所有数据及诊断报告存档,以便为后续的美学设计方案和问题解决提供参考(表5-1-1)。

表5-1-1 颈部美学评估信息登记表

分类	类目	项目	情况记录
颈部基础测量	颈围测量	颈围(cm)	
	颈部长度测量	颈部长度(cm)	
	下颌至颈部距离	下颌至颈部距离(cm)	
颈部皮肤特性	质地评估	皮肤质地(视觉与触觉检查)	
视觉评估	颈部线条	线条流畅度	
	对称性评估	对称性评分(1~5分)	
动态评估	自然动作中的动态表现	颈部动态变化观察(如转头、行走)	
数据分析	数据整合与黄金比例对比	数据与标准对比	
初步诊断	当前美学状态	问题总结	
反馈讨论	求美者反馈与美学需求	反馈意见	

任务评价

颈部评估的任务评价将综合考察美学设计师的整体分析能力、测量精度与视觉呈现能力。评价将关注美学设计师是否能够通过与王女士的有效沟通,精准理解其需求与健康背景,为评估提供必要的个性化信息。在测量过程中,美学设计师的工具使用是否规范、数据记录是否准确也将是关键考量。拍照和视频记录的质量也同样重要,确保图像能够清晰呈现颈部状态,并为后续分析提供有效依据(表5-1-2)。

表5-1-2 颈部美学评估测评表

序号	评价内容	评 价 要 点	分值	自评	导师评价	备注
1	工具准备、使用及工具整理	测量工具的准备是否规范,使用是否准确,操作是否符合要求	10			
2	初步评估能力	通过目测是否能迅速识别颈部的主要特征,准确判断出改善方向,并合理制定后续的评估步骤	20			
3	测量规范性与精准性	在测量过程中是否严格按照规范操作,数据记录是否详尽、准确,确保所有测量数据符合客观标准	25			
4	数据记录与分析	数据记录是否准确、清晰,分析结果是否与预期一致	35			
5	沟通与反馈能力	在分析结果后,能否清晰、有效地与求美者沟通,解释测量结果	10			
	合 计		100			

延展思考

颈部美学评估中,如何平衡颈部与面部其他特征(如脸部轮廓、肩部线条等)的协调性?

学习活动二:颈部美学的设计

相关知识

一、设计方案相关的因素

在颈部美学设计方案的制定过程中,我们重点关注如何解决已识别的问题,并实现个性化的美学提升。整个过程从艺术设计到实际应用,力求方案不仅具有科学性,还兼具艺术性与实用性。

1. 整体形象与设计策略

个性化形象设计:根据求美者的个性、职业和生活方式,量身定制颈部美学方案。例如,对于公众人物或需要频繁社交的职业,可以选择更精致且引人注目的颈部装饰,如华丽的配饰或特殊材质的服饰,彰显个性和气质。

服饰与颈部的协调:通过合理的服饰选择来优化颈部的视觉效果。对于颈部较短或较粗的求美者,建议选择 V 领或深 U 领来延长颈部线条,而对于颈部纤细者,高领或短项链的搭配可以增加颈部的丰满感。

2. 色彩与材质的运用

色彩的搭配:精心选择与肤色及个人风格相匹配的色彩,应用在服装和配饰上。暖色调能够增添活力,适合外向活泼的形象;冷色调则显得优雅、内敛,更适合正式或专业场合。

材质的选择:根据颈部的特定需求选择合适的材质。例如,柔软的丝质或绸缎围巾既可以提升视觉美感,又不会增加颈部负担。同时,选择透气性良好的材料可确保长时间佩戴的舒适感。

3. 视觉心理效果的营造

视觉平衡的运用:设计时需考虑颈部与整体身体比例的协调。可以通过色块分割或图案设计,引导视线,调整焦点,从而达到视觉上的平衡与和谐。

心理感受的融入:在设计中添加能够增强自信心和满足感的元素。例如,使用藏蓝或深绿色调的配饰为严肃稳重的求美者增强权威感,而使用亮色与活泼图案,为年轻或追求时尚的求美者增添动感与活力。

4. 社会文化的适应性

文化敏感性:方案设计时应考虑到求美者的文化背景和社会身份,确保设计不仅美观,还符合其文化与社会期望。例如,为东方求美者设计时,可以融入传统元素,如玉石或刺绣,呼应传统美学。

适应与创新的结合:在方案中结合当下时尚潮流和经典设计,既能体现个性化风格,又能广泛适应社会的审美标准。

> **小提示**
>
> 在实施颈部美学设计方案时,记得定期回访和调整方案以适应求美者的生活变化和需求。持续的评估和微调不仅确保方案的持久效果,也帮助求美者保持最佳状态,无论是在日常生活还是特殊场合中。

二、颈部美学设计路径

(一) 医学美容方式

在颈部美学设计中,医学美容提供了多种有效的解决方案,适用于各种颈部外形不理想或形态欠佳的情况。

1. 适合情况

(1) 斜颈:斜颈通常表现为头颈姿势异常。对于因颈部骨骼或肌肉发育异常引起的先天性斜颈,可采用手术矫正,例如胸锁乳突肌延长术。外伤性斜颈可能需要通过瘢痕切除和整形手术进行修复。

(2) 皮下脂肪堆积:颈部脂肪过多的患者可以选择脂肪抽吸手术,或采用非侵入性的冷冻溶脂技术,以改善颈部线条。

（3）皮肤松弛：对于颈部皮肤松弛的情况，外科手术（如颈部除皱术）可切除多余皮肤，或通过光电技术及注射治疗（如填充剂或肉毒杆菌注射）紧致皮肤。

（4）颈部老化：针对颈部老化、皱纹明显的问题，可选择激光、光疗或注射非交联玻尿酸等方法来恢复颈部年轻态。

2. 注意事项

（1）专业医生指导：医学美容必须在专业医生的指导下进行，以确保治疗的安全性和效果。每种治疗方式都应与医生详细讨论其潜在的风险和副作用。

（2）慎重选择：尽管医学美容的效果较为显著，但可能伴随一定的风险，如感染或不对称。因此，求美者在选择治疗方案前应评估自身健康状况，确保无严重疾病史或过敏史，并充分了解各种方案的优缺点。

（3）长期维护：医学美容的效果虽持久，但仍需求美者通过健康的生活习惯和定期护理来保持。

（二）人物形象设计方式

在颈部美学设计中，人物形象设计方法起着至关重要的作用。通过化妆、造型和色彩搭配，可以有效改善颈部外观，使整体形象更具美感。这种方式特别适合那些希望通过非侵入性手段提升颈部美感的求美者。

1. 适合情况

颈部肤色不均：可以通过精心的化妆技巧均匀颈部肤色，遮盖色素沉着或瑕疵。

颈部线条不流畅：通过专业的化妆产品和技术手段，调整颈部线条，使其显得更加匀称自然。

颈部缺乏轮廓感：利用高光和阴影化妆技术，可以增强颈部的立体感，明确颈部与下颌线的结构关系。

2. 注意事项

技术与产品选择：要根据预期效果选择合适的化妆技术和产品。使用防水抗汗的化妆品，确保颈部妆容在各种环境下都能持久保持。

肤色匹配：化妆品的色调应与肤色高度契合，避免颈部与面部产生明显色差，影响整体美感。

化妆技巧：化妆技术是关键。例如，可以通过淡化线条的技巧来减轻颈部皱纹的视觉效果，或者通过高光增加颈部轮廓的突出感。

定期更新：化妆造型并非一劳永逸，需要根据环境、场合和其他因素定期调整和更新，以确保最佳效果。

（三）服饰搭配设计方式

服饰搭配在颈部美学中起着重要作用。通过合理的服装选择和配饰搭配，可以有效改善颈部线条，提升整体视觉效果。此方法适用于希望通过服饰优化颈部外观的求美者。

1. 适合情况

视觉延伸：如果颈部较短或希望在视觉上拉长颈部，可选深V领或开领的服装。这类设计能在视觉上延伸颈部线条，产生修长的效果。

精细化修饰：对于希望颈部显得更纤细的求美者，建议选择细长的项链或领带。纵向的配饰设计能帮助拉伸颈部的视觉效果,使其显得更加修长。

特征强调:可以通过荷叶边或领巾等领部装饰突出颈部的视觉焦点,从而转移对其他颈部特征的注意,增强视觉吸引力。

2. 注意事项

领口选择:在挑选领口形状时,需要考虑个人的颈部形态和整体身体比例。例如,圆领和高领不适合颈部较短的人,这些设计可能会让颈部看起来更加短促。

颜色与图案:领部的颜色和图案对视觉效果有显著影响。浅色和大图案能增强视觉区域感,适合颈部细长的人;相反,深色和小图案能压缩视觉感知区域,更适合颈部较粗的人。

配饰运用:在搭配项链、领带和领巾时,需确保配饰与服装的颜色、样式协调一致。此外,配饰的重量和大小也需要考虑,避免过重或过大影响整体美感。

场合适应:服饰的选择应根据不同场合进行调整。既要符合颈部美学需求,又要适应特定社交场合的着装要求。

在颈部美学设计中,实施步骤(图 5-1-6)是一个关键环节,需要综合考虑求美者的需求、专业评估以及可行的设计方案,以确保结果既满足求美者的期望,又体现专业水准。以下是详细的实施步骤,旨在通过科学合理的方法,达到理想的颈部美学效果。

图 5-1-6 颈部美学设计实施步骤

1. 求美者美学需求分析

深入交流:与王女士进行详细的沟通,明确他们对颈部美学的具体要求和希望改善的部位,可能包括颈部线条、皮肤状态或肤色等方面的问题(表 5-1-3)。

表 5-1-3 颈部美学设计登记表格

分 类	项 目	详细内容	情况记录
求美者咨询	需求分析	颈部美学需求、希望改善部位	
	期望评估	求美者期望与现实是否一致	
专业评估	颈部结构	颈部结构、比例、对称性评估	
	美学问题	具体美学问题(如颈部线条、肤色等)	

(续表)

分　类	项　目	详细内容	情况记录
方案设计	方案讨论	可行方案(如医学美容、形象设计)	
	方案整合	结合多种方案的具体整合内容	
	方案优缺点	每个方案的优劣、成本、风险	
方案实施	细化方案	手术步骤、产品选择、服饰搭配规划	
	准备工作	设备、材料、专业人员安排	
	方案执行	医学干预、化妆、服饰搭配等步骤	
	效果监控	实施过程中的监控与调整	
后续跟踪	效果评估	术后评估效果,是否达预期	
	求美者反馈	求美者对结果的反馈	
	维护建议	长期护理与维护建议	

期望评估:根据王女士的描述,评估其期望是否现实,确保他们有合理的期待,并进一步明确他们希望达成的目标。

2. 颈部美学方案设计

全面评估:由专业团队对王女士的颈部进行详细检查,包括颈部结构、皮肤类型及美学问题的具体分析。

方案讨论:根据评估结果,提出几种可行的方案,如医学美容、形象设计以及服饰搭配等。

方案整合:针对颈部美学问题的复杂性,通常需要将多种方案相结合,如轻微的医学干预和日常形象设计的搭配,以全面改善外观。

方案选择:与王女士深入讨论每个方案的优劣、成本以及潜在的风险,最终确定一个或多个方案。

3. 颈部美学方案实施

细化方案:对选定的方案进行细化,包括手术步骤、产品选择以及服饰材质和风格的具体规划。

准备工作:准备实施方案所需的材料和设备,并安排相关专业人员。

方案执行:由专业团队进行操作,包括手术、专业化妆或服装搭配等步骤,确保方案顺利实施并达到预期效果。

效果监控:在实施过程中和术后对效果进行监控,并根据需要进行微调,以确保最终达到理想的美学效果。

4. 后续效果评估

效果评估:方案实施后的一段时间内,跟踪颈部美学效果,确认是否达到了预期目标。

求美者反馈:与王女士沟通,了解他们对效果的满意度,并探讨是否有进一步的改进需求。

长期维护建议:根据王女士的情况,提供后续护理和维护建议,以帮助维持理想的美学效果。

任务评价是颈部美学设计教学中的重要环节,确保美学设计师掌握知识并能实际应用。自我评价帮助学习者反思对颈部美学设计的理解,评估能否识别问题并提出有效解决方案,同时考查创新和问题解决能力。

教师评价聚焦理论与实践的结合,评估美学设计师的任务完成质量和进展。任务评价后,反馈与改进阶段通过问卷或访谈收集意见,指导教学内容与方法的调整,提高教学效果(表5-1-4)。

表5-1-4 颈部美学设计测评表

序号	评价内容	评价要点	分值	自评	导师评价	备注
1	操作规范	步骤、手法科学规范	10			
2	设计方案	设计方案合理,符合审美规律	30			
3	技能应用能力	能有效进行颈部美学评估、方案设计与调整	30			
4	创新与问题解决能力	面对复杂或非典型颈部美学问题时,是否能灵活运用知识,找到创造性解决方案	20			
5	团队协作	配合、协作沟通的专业性	10			
	合计		100			

如何平衡颈部美学设计中的美观需求与功能性需求?例如,在设计减轻颈部疲劳的服饰时,如何确保既满足美观又不牺牲舒适性和功能性?

(杨加峰)

任务二 乳房美学分析与设计

学习目标

1. 理解乳房的结构与基本构成原理。
2. 掌握乳房的美学评估方法与设计策略。
3. 树立健康、自然的身体审美观,倡导自信与尊重个人独特美。

情景导入

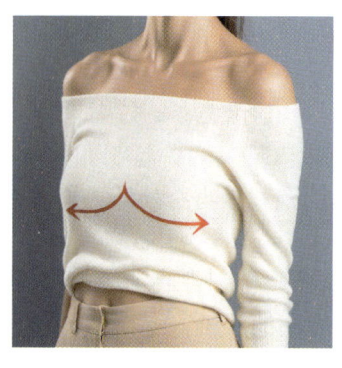

图 5-2-1 求美者王女士

王女士(图 5-2-1),32岁,曾为自己的精致五官和协调身材感到自豪。然而,经历了怀孕和分娩后,她的身体发生了巨大变化。尽管努力恢复身材,但产后她的胸部经历了体积缩小、松软、弹性下降及皮肤松弛的变化,导致乳房下垂,外观干瘪。母乳喂养半年后,王女士在选择衣服时感到困难,对胸部的不满意使她失去了以往的自信和自然笑容,开始怀疑是否还能找回从前的自己。

王女士希望通过乳房美学设计,提升胸部的丰满度和挺拔感,帮助她恢复年轻、充满活力的形象,并重新找回以前的自信和舒适感。

任务分析

一个人的形象气质,除了五官特征,影响的因素还包括形体、体态。乳房占据着形体美学的重要位置,在形体美学的评价时,能够最为直观地展示形体的曲线美感。丰盈挺拔的乳房较易给人赋予自然、协调、曲线之美。学习好乳房的美学评估及设计方法,可以帮助求美者用恰当的方式塑造健康的美态。

在本任务中,我们要一起探究形体塑造的参考标准。运用测量的方法,了解乳房的结构和比例,掌握乳房美学的标准。为更好地开展乳房美学评估和方案设计提供数据参考及依据。

学习活动一:乳房美学的评估

相关知识

一、乳房概述

乳房是女性独特的生理结构,主要功能是通过乳腺分泌乳汁以供养后代。其解剖结构复杂,由乳腺组织、脂肪组织和结缔组织等多种成分组成,这些成分共同影响乳房的形态与功能。乳房在生理发育中受到遗传因素、激素水平、年龄和体重等多种因素的影响,导致个体间在大小、形状及对称性上的差异。此外,乳房不仅在生理上扮演着重要角色,还在文化和艺术中被视为美的象征,反映了人类对美、性别和母性等多重意义的认知。因此,在医学与艺术的交汇处,乳房的研究不仅限于生理功能,更应关注其社会文化的多样性和深刻性。

二、乳房的形态美学

(一)乳房美学的历史演变

乳房作为女性身体的重要象征,在不同历史时期的美学观念中表现出了丰富的多样性

(图 5-2-2)。其形态与功能不仅反映了女性个体的生理特点,还在社会文化和艺术表现中扮演了重要角色。

图 5-2-2　不同审美形态

在古代社会,乳房的美与生育能力和母性密切相连。例如,古埃及的壁画和雕塑中,乳房常常被表现为饱满的形态,象征着生命力、丰饶以及哺育后代的能力。此时期的美学思想体现了对女性生殖功能的高度重视,乳房成为生育能力的象征。而在古希腊,乳房美更多地与人体的和谐美相关,强调其自然匀称的形态,以追求身体比例的完美和理性之美为目标。希腊艺术对乳房的表现追求精确,体现出对理想人体形态的崇拜。

中世纪,受基督教的深刻影响,女性身体被视为需要遮掩的存在,乳房美的直接表达受到了压抑。然而,文艺复兴时期随着对人文精神的重新发现,艺术家们开始大胆描绘女性的形体,乳房重新成为艺术表现的主题,凸显了对自然与人性美的赞美。该时期的乳房美学展现了对人体自然美的重新肯定,反映了人文主义在艺术和社会中的影响。

近现代社会,乳房美学观念逐渐多样化。20 世纪初,丰满、曲线优美的乳房常被视为女性健康与富足的象征,随着时尚的变迁,这一时期的审美标准开始影响社会对女性身体的认知。在 20 世纪 60 年代,随着女性解放运动的兴起,纤细的体型和较小的乳房也逐渐成为美的一种标准,反映了对个性与多样化美学的追求。进入 21 世纪,审美观念更加多元化,人们开始更加注重自然、健康与自信的美,乳房的美学标准逐渐回归到个人的选择与表达,强调个体化的自然形态。

(二) 解剖学视角下的乳房美

1. 乳房的结构与功能

乳房是女性独特而重要的器官,既具有哺乳的生理功能,又在人体美学中占有特殊的地位。从解剖学角度来看,乳房主要由乳腺组织、脂肪组织和结缔组织构成。乳腺组织是乳房的功能核心,负责乳汁的生成和分泌,由许多乳腺小叶和腺泡组成,这些结构通过乳管网络连接到乳头。脂肪组织赋予乳房柔软的质感和丰满的外形,影响乳房的大小和形状。结缔组织,包括库珀韧带和皮肤,起到支撑和固定乳房的作用,维持其位置和形态。

乳房的外观还受到激素水平、年龄、遗传和生活方式等多种因素的影响。青春期时,雌激素和孕激素的增加促进乳房的发育和成熟。妊娠和哺乳期,乳腺组织进一步增生,为哺乳做准备(参见乳腺 AR,请扫二维码和图片)。随着年龄增长,结缔组织的弹性可能下降,导致乳房形态的变化。

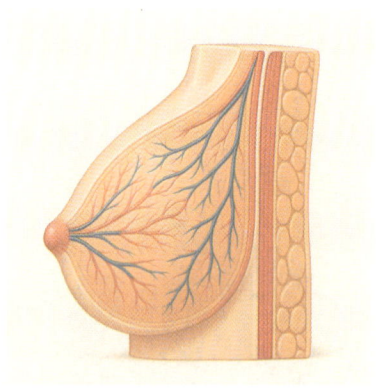

乳腺 AR

2. 乳房形态与健康美

乳房的形态对女性的自信和心理健康有着深远的影响。饱满、对称且与身体比例协调的乳房通常被视为健康和美的象征。乳房的大小和形状受遗传、年龄、激素水平和生活方式等多种因素影响。例如,青春期的发育、妊娠和哺乳都会导致乳房形态的变化。

从美学与医学的融合视角来看,乳房的健康美不仅体现于外在的形态,还反映出内部结构的健全和功能的正常。保持良好的生活习惯,如均衡饮食和适度运动,有助于维持乳房的健康状态。医学美容技术的进步也为改善乳房形态提供了多种选择,帮助女性根据自身需求提升生活质量和自我满意度。

> **◎ 知识链接**
>
> **乳腺小叶和腺泡的具体功能是什么?**
>
> 乳腺小叶构成乳房的基本功能单位,内含若干腺泡,负责乳汁的生产与分泌。在非哺乳期,这些结构处于相对休眠状态,主要维持乳腺组织的完整和健康。然而,在妊娠期至哺乳期,乳腺小叶响应体内激素水平的变化,如雌激素和催乳激素的升高,而迅速增生,其内部的腺泡开始积极分泌乳汁。
>
> 从美学的视角看,乳腺小叶和腺泡的结构和功能展现了生命力的美感和和谐。这种设计不仅体现了生物学上的精妙和效率,也是自然界中"形式与功能合一"的生动例证。在医学美容教育中,通过对这些基础结构的深入理解,可以提高学习者对人体自然美的认识和欣赏,进而在专业实践中更好地应用这种知识,优化美容和治疗方案。

（三）美学与乳房形态的关联

乳房作为女性独特的身体特征，既具有生理功能，又承载着深刻的美学意义（图5-2-3）。它的形态不仅影响个人的外在形象，还与自我认同和健康心理体象密切相关。美学与乳房形态的关联体现在多个方面，其中对称性、和谐感以及尺寸和比例是关键的审美要素。理解这些要素对于医学美容专业人士在实践中实现理想效果至关重要。

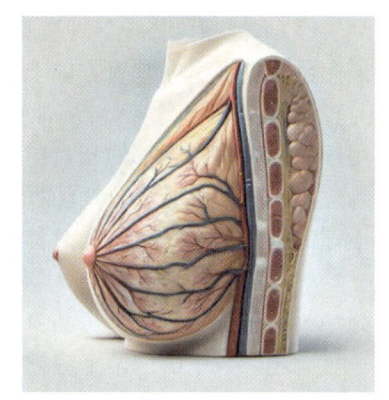

图5-2-3　乳房形态模型图

1. 对称性与和谐感

对称性在美学中被视为衡量美的重要标准之一。自然界中，对称的形态往往给人以稳定、和谐的视觉感受。在乳房美学中，对称性主要体现在两侧乳房的大小、形状、位置和角度等方面的协调。一对对称的乳房能增强身体的整体美感，提升个人的自信心。

然而，完全的对称在自然人体中并不常见，微小的不对称反而增添了自然之美。医学美容在这里扮演着平衡者的角色，通过精细的评估和技术手段，尽可能地改善明显的不对称，达到视觉上的和谐统一。这种和谐不仅局限于乳房本身，还需要与整体身体比例相协调，才能真正实现美的升华。

2. 尺寸和比例

尺寸和比例是决定乳房美感的重要因素。适宜的乳房尺寸应与个人的身高、体型、肩宽和臀围等身体参数相匹配，形成协调的整体视觉效果。过大或过小的乳房尺寸可能导致身体比例失衡，影响个人形象和生活舒适度。

在比例方面，乳房的高度、宽度和突度需要达到一定的协调。理想的乳房形态通常呈现柔和的曲线，具有自然的饱满度和适度的圆润感。乳头和乳晕的位置、大小也应与乳房的整体尺寸相适应，形成视觉上的平衡。

医学美容专业人士在评估和设计乳房形态时，需要综合考虑求美者的身体特征、个人喜好和文化背景，避免一味追求单一的审美标准。个性化的美学设计既能满足求美者的需求，又能彰显其独特的魅力。

三、乳房美学分析的测量标准

乳房的美学评价通常涉及位置、形态的圆润度、挺拔度和比例的协调性。一些研究提出了具体的测量参数，主要分为反映乳房位置的参数和反映乳房形态的参数。这些参数为医学美容专业人士提供了客观评估乳房美感的科学依据。

1. 位置和形态比例

反映乳房位置的参数，这些参数主要用于评估乳房在躯干上的位置、大小以及两侧乳房的对称性（表5-2-1）。

表5-2-1　反映乳房形态的参数

参数	SN-N	C-N	N-N	N-M
单位（cm）	19.05	19.35	18.54	6.49

(1) 胸乳距(SN-N)：从胸骨上切迹(S)到乳头(N)的垂直距离,平均值约为19.05 cm。该参数反映乳房在垂直方向上的高度位置。

(2) 锁胸距(C-N)：从锁骨中点(C)到乳头的垂直距离,平均值约为19.35 cm。此参数用于评估乳房在胸部的相对位置和高度。

(3) 乳头间距(N-N)：两侧乳头之间的水平距离,平均值约为18.54 cm。该参数有助于评估乳房的水平位置和对称性。

(4) 乳头中线距离(N-M)：乳头到身体正中线(M)的水平距离,平均值约为6.49 cm。此参数用于分析双侧乳房与身体中线的对称性。

上述参数中的前两个主要反映了乳房的大小及其在躯干上的垂直位置,加上乳头中线距离(N-M),共同构成了评估双侧乳房对称性的主要指标。

这些参数用于评估乳房的形状、体积和轮廓特征。

(5) 乳房基底横径(BW)：从乳房内侧隆起点至乳房外侧隆起点的水平距离,反映乳房的基底宽度。

(6) 乳房外半径和内半径：分别指乳头到乳房外侧缘和内侧缘的距离,用于评估乳房的圆润度和对称性。

(7) 乳头至乳房下皱襞距离(N-IMF)：从乳头到乳房下皱襞的弧形距离。此值应与乳房宽度相协调,以达到乳房下部的平衡感,并且与乳房的体积呈正相关。

(8) 乳房高度：侧面观测时,从乳房最凸出点垂直测量至胸骨上切迹或腋前线的距离,评估乳房的垂直比例。

(9) 乳晕直径、乳头高度及直径：这些参数评估乳头和乳晕的大小和形态,对整体美感有重要影响。

通过对以上参数的综合分析,相关专业人士可以客观地评估乳房的美学特征,为个性化的美容方案提供科学依据。这些测量标准不仅有助于确定乳房的理想形态,还能在手术规划中提高准确性,确保结果满足求美者的期望。

四、乳房测量与评估实施方法

(一) 工具测量法

乳房比例的测量与评估是乳房美学设计中的重要环节。常用的测量方法包括直接测量法与间接测量法。

1. 直接测量法

通过使用皮尺在求美者胸部进行现场测量,获取乳房的关键比例参数。这种方法适用于现场评估,能直接获取胸部的准确数据。

2. 间接测量法

在求美者允许的前提下,拍摄全正面的胸部照片,借助测量工具对照片中的乳房比例进行评估和计算。这种方法特别适合在术前设计中进行精确分析和调整。

乳房的局部测量指标涵盖了多个关键参数,这些参数不仅用于评估乳房形态和比例,还为乳房美学设计提供了量化依据。

(1) 乳房基底宽度(BW)：测量从胸骨旁线(PS)至腋前线(AA)的距离,用于评估乳房的宽度,尤其适用胸部较小的求美者。

(2) 胸骨上切迹-乳头距离(SN - N)：测量从胸骨上切迹至乳头的垂直距离，反映乳房在躯干上的高度位置。

(3) 乳房上极软组织挤捏厚度(STPTUP)：通过挤压乳房上极软组织，测量其厚度，判断乳房上部的丰满度和软组织弹性。

(4) 乳房下皱襞皮下组织挤捏厚度(STPTIMF)：通过挤压乳房下皱襞处的皮下组织，测量其厚度，评估乳房下部的组织支撑力和皮肤弹性。

(5) 乳房皮肤前拉延伸度(APSS)：测量乳房皮肤在前拉时的延伸度，评估皮肤的弹性和张力特性，尤其适用于乳房较大或有松弛现象的求美者。

(6) 乳头—下皱襞距离(N - IMF)：测量从乳头至乳房下皱襞的垂直距离，该参数与乳房的形状和高度密切相关，是设计乳房下极平衡感的重要参考指标。

(7) 乳头间距和乳头中线距离(N - N & N - M)：测量两侧乳头之间的水平距离(N - N)，以及乳头到正中线的距离(N - M)，用于评估乳房的对称性和乳头的相对位置。

(8) 经乳头胸围和经乳房下皱襞胸围(CC - N & CC - IMF)：测量通过乳头和乳房下皱襞的胸围，用于评估乳房的整体轮廓和胸部体积，尤其是在胸部手术设计中提供重要参考。

● 注意事项

测量环境应该是温暖和舒适的，以确保身体放松。

使用合适的工具，如软尺或卷尺，进行测量。

测量上胸围时，需要水平围绕胸部最丰满的部分，注意尺的松紧度要适中。

测量下胸围时，同样需要水平围绕胸部下方一圈，松紧度也要适中。

可以多次测量并取平均值以确保准确性。

根据需要，可以在不同的体位下进行测量，如直立位和弯腰位。

确保皮肤清洁，测量时充分暴露乳房和腋窝。

（二）数字化测量方式

随着数字科技的不断进步，数字化测量方法在乳房美学的评估中日益重要。传统的手工测量方式虽然提供了基础的尺寸和比例信息，但无法全面捕捉乳房复杂的三维形态。因此，二维测量与三维扫描技术为现代乳房美学评估提供了更加科学、精准的工具。

1. 二维测量

二维测量主要通过数字图片分析技术进行，它能够迅速捕捉乳房外观的平面信息，并提供相对客观的形态参数。通过高分辨率的摄影技术和专业图像处理软件，可以准确计算出乳房的关键位置和距离，如胸乳距、乳头间距、乳头至中线距离等。这些参数为乳房的对称性和位置提供了直观的分析。二维测量的优势在于其简便、快速、可重复性强，适合日常临床检查和术前规划。然而，二维测量局限于平面，无法提供乳房体积、弧度和轮廓的完整信息，因此在复杂的形态评估上具有一定的局限性。

2. 三维扫描技术

三维扫描技术的引入为乳房美学的测量带来了跨越式的发展。通过先进的3D扫描设备，可以全面记录乳房的三维轮廓、体积和弧度。这种技术可以生成高精度的乳房模型，捕捉乳房在不同角度的真实形态,提供完整的乳房体积数据及表面细节。三维扫描不仅解决了传统二维测量无法捕捉深度和曲面的局限,还允许在术前模拟不同的手术方案,预测术后效果,极大地提升了乳房整形设计的个性化与精准性。

3. 数字化测量的未来趋势

随着人工智能和机器学习技术的应用,乳房美学评估正在朝着更智能化、自动化的方向发展。结合3D扫描数据和AI算法,未来的乳房美学设计可以实现全自动的形态分析,快速生成个性化的整形方案。这种智能技术不仅能够减少人为误差,还能更好地模拟求美者的术后效果,提升求美者满意度。

通过整合二维和三维测量技术,乳房美学设计师可以在临床实践中提供更加精确、个性化的美学方案,确保每位求美者都能获得符合其需求的乳房形态设计。数字化技术的不断进步,使乳房美学评估不再依赖经验,而是基于数据和科技的支撑,实现了从"视觉美"到"形式美"的跨越。

任务实施

准备一把软尺、一把游标卡尺、一支记号笔,测量乳房的各个参数大小,通过比较数据;了解乳房具体各大小、位置参数的大致情况。根据每个人的特征不同,如何评估乳房存在的问题。以下是乳房美学评估实施步骤(图5-2-4)。

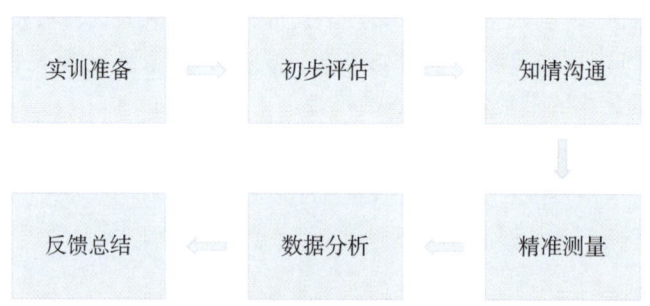

图5-2-4 乳房美学评估实施步骤

1. 实训准备

在评估前,准备好所有必要的工具,包括观察工具(如照明镜)、测量工具(如精密卡尺、比例尺、三维扫描设备)以及记录工具(如纸质记录表、电子设备等)。确保工具的准确性和消毒状态,以提高测量的精确性和评估的可靠性。

2. 初步评估

美学设计师通过目测对王女士的乳房形态进行初步评估,观察整体轮廓的特点,如对称性、位置和比例等。根据目测结果初步确定改善方向,并为后续的精确测量做准备。这一阶段注重与王女士的沟通,明确其美学期望。

3. 知情沟通

在进行具体测量前,美学设计师应详细向王女士解释测量过程的每一步,包括使用的工具和测量部位,确保王女士理解并知情同意。与此同时,解答王女士的疑问,缓解其可能存在的紧张情绪,为后续流程建立信任基础。

4. 精确测量

使用专业的测量工具逐步进行乳房的全面测量,包括前部和侧面的轮廓参数,如胸乳距、乳头间距、乳房高度、基底宽度等。必要时结合三维扫描技术记录乳房的立体形态。所有测量数据应准确无误地记录在求美者信息表中,确保后续分析有充分的基础数据支撑。

5. 数据分析

美学设计师根据收集的所有测量数据,结合王女士的整体身材比例、个体特点及美学期望,进行深入分析。通过软件或手工分析,得出乳房在形态、对称性、体积等方面的详细结论,并与标准美学参数进行对比。填写完成后的求美者信息表将为后续设计提供精确的参考依据(表5-2-2)。

表 5-2-2　乳房美学评估信息登记表

分类		
基础数据	年龄	
	身高(cm)	
	体重(kg)	
	是否哺乳	
乳房局部数据	乳房基底宽度(BW)	
	胸骨上切迹-乳头距离(SN-N)	
	乳房上极软组织挤捏厚度(STPTUP)	
	乳房下极软组织挤捏厚度(STPTUP)	
	乳房皮肤前拉延伸度(APSS)	
	乳头-下皱襞(N-IMF)	
	乳头-乳头(N-N)	
	乳头-正中线(N-M)	
	经乳头胸围(CC-N)	
	经乳房下皱襞胸围(CC-IMF)	

6. 反馈总结

美学设计师根据分析结果,与王女士进行全面沟通,反馈乳房评估的详细结论,包括当前的形态优势和需改进的部分。同时结合王女士的需求,讨论可行的手术或非手术方案。此阶段尤为注重与求美者的互动,确保其对未来的设计方案和改善方向有充分的理解与接受。

任务评价

乳房美学测量与评估的任务评价将综合考察美学设计师的精确测量能力、数据分析水平和沟通技巧。评价重点包括美学设计师是否能够准确使用测量工具,确保测量过程的精确性和可靠性；是否能够通过目测判断乳房的形态、对称性和位置，并合理评估潜在的美学问题；是否具备清晰地与王女士沟通测量流程、解答疑问并获得其知情同意的能力。此外，美学设计师在分析数据并制定个性化优化方案时的专业性和创新性也将是评价的重要维度，确保最终建议既符合美学标准，又能够满足王女士的需求和期望（表5-2-3）。

表5-2-3 乳房评估测评表

序号	评价内容	评 价 要 点	分值	自评	导师评价	备注
1	工具准备、使用及工具整理	测量工具的准备是否规范，使用是否准确，操作是否符合要求	10			
2	初步评估能力	通过目测是否能迅速识别乳房的主要问题，准确判断出改善方向，并合理制定后续的评估步骤	20			
3	测量规范性与精准性	在测量过程中是否严格按照规范操作，乳房美学数据记录是否详尽、准确，确保所有测量数据符合客观标准	25			
4	数据记录与分析	数据记录是否准确、清晰，分析结果是否与预期一致	35			
5	沟通与反馈能力	在分析结果后，能否清晰、有效地与求美者沟通，解释测量结果	10			
	合 计		100			

延展思考

乳房的美学评估不仅仅是数据的测量，如何结合文化差异、个体审美偏好及社会审美趋势，制定更加符合求美者需求的个性化乳房改善方案？

学习活动二：乳房美学的设计

相关知识

人们在艺术设计实践中不断运用并总结视觉愉悦的体验，最终形成了我们熟知的美学标准。这一标准也成为我们在后续学习中始终需要遵循的表现准则。

> **知识链接**
>
> 设计中,全面分析求美者的情况尤为重要,以便为其量身定制符合个人气质和风格的美学方案。以王女士的案例为例,她的主要需求是恢复生育前的年轻体态。找回当初自信的形象,并不是在对原来的体积或形态进行过度的调整和改变。因此,设计方案应重点关注如何通过调整乳房立体度,如丰满的容积、紧致的外形,提升皮肤的张力,减轻松弛感。这不仅能提升她的整体形象,还能满足她的自信心的提升塑造,使设计兼具实用性与美观性。

一、设计方案相关的因素

(一)乳房美学的设计原则

1. 对比与调和

在设计乳房时,必须注重避免绝对化的思维方式,并灵活掌握主次关系的处理技巧。

> **举例说明**
>
> 我们常说一个人的乳房松弛时,可能会感到缺乏饱满和容积,从而不符合大众对美的认知。然而,从美学的角度来看,恰当的饱满度或挺拔的乳房更具协调性和美感。这种设计理念体现了"调和"与"和谐"的逻辑,而非简单地追求极端饱满的形态。此外,无论是饱满度还是外形,都必须通过整体设计来凸显效果。设计中需明确主次关系,避免出现"平均主义"的弊端。

2. 自然与均衡

在美学中,真实与自然是衡量美的首要标准。即使胸部乳房符合对称美、标准美的要求,若失去了自然感和真实感,便会给人以夸张、不协调的印象。因此,我们追求的理念是"均衡"。从通俗的角度理解,虽然两侧乳房不必完全对称,但通过视觉上的重量平衡,能呈现出一种自然和谐的美感。这种自然的均衡美是我们广泛接受的审美标准。

(二)不同文化中的乳房形态偏好

1. 西方文化:性感与健康的象征

在欧美地区,乳房美学偏好主要强调丰满与坚挺的乳房形态,这通常被视为性感与健康的象征。医学美容手段在西方广泛应用,尤其是乳房整形手术成为追求理想形态的重要方式。乳房美学标准反映了对个体表达自由的重视,也体现了现代科技和时尚对身体改造的影响。

2. 东方文化:优雅与含蓄的体现

相比之下,东方文化对乳房形态的偏好更加含蓄和内敛。在中国、日本等地区,传统美学强调整体形象的协调和优雅,乳房不被单独突出,而是强调与整个身体的和谐感。小巧、匀称的乳房被视为符合东方女性典雅之美的特质,反映了东方文化内敛和自我约束的价值观。

3. 非洲文化：母性与社会身份的象征

在许多非洲部落文化中,乳房不仅代表母性和生殖力,还与女性的社会地位和部族身份息息相关。在某些部落,乳房的装饰、文身甚至被用作文化表达的形式。母亲的乳房形态常常与生命力和社会的生殖崇拜紧密相连,成为部落艺术的重要组成部分。

4. 拉丁美洲文化：热情与活力的象征

拉丁美洲对丰满曲线的崇拜贯穿于社会文化和艺术表现中,丰满的乳房被认为是热情和活力的象征。这种观念在时尚和媒体中得到了广泛传播和接受。拉美地区的乳房美学观念强调生命力和女性魅力的结合,反映了该地区对充满能量与生命力的身体形态的偏爱。

二、美学需求定位

作为美学设计师,只有明确了解求美者的美学动机来源,才能更精准地为其乳房设计找到方向和定位。这些动机可能源于内在的心理需求,或是受外在因素的驱动。理解这些差异有助于我们提供更个性化的设计方案,满足求美者的真实需求。

> **注意事项**
>
> 每位爱美者对乳房的期望和理想状态都各有不同,内心对美的感受与乳房形态息息相关。然而,作为社会性个体,追求美不仅仅源自心理层面的需求,生活环境、职业要求以及社交场景中的外在因素同样影响着个体的美学动机。

三、乳房美学设计路径

(一) 医学美容方式

1. 适用情况

求美者若存在明显的缺陷或瑕疵,如皮肤问题以及乳房、乳头、乳晕过大或过小等,建议从以下几方面进行医学美学设计。

(1) 隆胸手术：通过植入假体或自体脂肪移植来增加乳房的体积,改善乳房的形状和对称性。

(2) 乳房缩小手术：对于乳房过大或下垂的情况,通过去除多余的乳腺组织和皮肤来减小乳房,改善乳房的形状和位置。

(3) 乳房提升手术：通过去除多余的皮肤和重新定位乳腺组织来提升下垂的乳房。

(4) 乳房重建手术：通常在乳房切除术后进行,使用自体组织或假体来重建乳房的形状和外观。乳房重建可以是即刻的,也可以是延期的,或者分期进行。

(5) 乳房矫正手术：针对乳房发育异常,如波兰氏综合征(Poland 综合征)等,进行的手术矫正。

(6) 乳头和乳晕整形：包括乳头缩小、乳晕缩小或颜色改变等,以改善乳头和乳晕的外观。

(7) 乳房不对称矫正：针对乳房大小或形状不对称的情况,通过手术进行矫正。

(8) 乳房缩小提升手术：结合了乳房缩小和提升的手术,适用乳房过大且下垂的情况。

(9) 自体脂肪移植隆胸：通过将患者自身的脂肪移植到乳房区域,以增加乳房的体积。

2. 注意事项

医学美容可通过手术、注射、激光等医疗手段改善外观缺陷,提升整体乳房的美感。这些方式需要由专业医生操作,并在严格的医学指导下进行,通常效果较为显著且持久。

尽管医学美容技术能够有效改善乳房,但也伴随一定的风险和潜在副作用。因此,进行医学美容前需谨慎决策,并在专业医生评估后确定是否适合。候选者应满足的基本条件包括身体健康、无重大疾病史及无过敏史等。

(二) 服饰搭配方式

1. 适合条件

求美者对自身形象有较高要求,但外表上没有明显缺陷。

(1) 圆盘形：这种胸型的女性可以选择能够增加胸部上围丰满度的内衣,如带有棉垫的款式。在服饰搭配上,可以选择胸前有装饰的上衣,如荷叶边或者褶皱设计,这样可以增加胸部的立体感。

(2) 半球形：这种胸型的女性在服饰搭配上比较灵活,可以选择 V 领或者 U 领的上衣,这样可以展现胸部的曲线。同时,也可以选择一些修身的连衣裙,展现身材的曲线美。

(3) 水滴形：适合穿一些有钢圈的内衣,以提供更好的支撑。在服饰搭配上,可以选择一些低胸或者深 V 领的上衣,这样可以展现胸部的丰满。同时,也可以尝试一些高腰设计的裙子或裤子,以平衡上半身的曲线。

(4) 纺锤形：这种胸型的女性在选择内衣时,应该注意选择那些能够提供良好支撑的款式,避免胸部下垂。在服饰搭配上,可以选择一些宽松的上衣,如蝙蝠衫或者宽松 T 恤,以减少对胸部的强调。

(5) 圆锥形：这种胸型的女性在选择内衣时,可以选择那些有提升效果的款式。在服饰搭配上,可以选择一些高领或者半高领的上衣,这样可以避免过多的胸部暴露,同时也可以选择一些 A 字裙或者蓬蓬裙,以平衡上半身的曲线。

> **知识链接**
>
> 对于胸部较大的女性,以下是搭配技巧：
> (1) 选择适当露出皮肤的衣物,如 V 领或 U 领,可以显瘦。
> (2) 连衣裙要适当收腰,避免过于宽松的款式,这样可以避免显得臃肿。
> (3) 上衣穿紧不穿松,修身的上衣可以更好地展现身材。

2. 注意事项

服饰设计通过合理选择服装款式、色彩搭配和配饰,不仅能够突出个人的优点,还可以巧妙地掩饰不足,提升整体形象。这需要设计师具备对时尚趋势的敏锐洞察力以及对个人风格的精准把握。

在胸部形态的修饰上,服饰设计起到比较重要的作用,能在一定程度上优化整体观感,凸显优点。

任务实施

乳房设计实施步骤如图5-2-5所示。

图5-2-5 乳房美学设计实施步骤

1. 知情同意

美学设计师须告知王女士设计的具体步骤，并在每一步征得求美者的知情同意。

2. 需求沟通

美学设计师通过深入咨询和沟通，明确王女士内在与外在的美学需求，并记录于个性化信息表中（表5-2-4）。

表5-2-4 乳房美学设计信息登记表

分类		乳房基本诊断情况		影响因素	
依据	类目	整体	局部	求美动机	基本信息因素
	情况				
解决思路		医学美容		服饰搭配	
项目推荐					
选择依据					
方案结论					

3. 设计操作

利用美学设计和绘图工具，对面部整体及局部轮廓进行专业设计。

4. 方案分析

通过全面分析，得出乳房的美学方案并形成结论。

5. 项目推荐

结合各类项目的优势与限制，为王女士推荐最适合的个性化方案。

任务评价

乳房美学设计仍然遵循一定的共性审美标准。因此，在设计服务中，美学设计师不仅需要对流行趋势有敏锐的洞察力，还应具备预判未来趋势的能力。同时，必须深入理解中国传统乳房审美的核心价值，这种审美在不同时代中始终具有持久的吸引力（表5-2-5）。

表 5-2-5　乳房美学设计测评表

序号	评价内容	评 价 要 点	分值	自评	互评	模拟顾客评价	教师评价
1	操作规范	步骤、手法科学规范	10				
2	设计方案	设计方案合理，符合审美规律	30				
3	技能应用能力	能有效进行乳房美学评估、方案设计与调整	30				
4	创新与问题解决能力	面对复杂或非典型乳房美学问题时，是否能灵活运用知识，找到创造性解决方案	20				
5	团队协作	配合、协作沟通的专业性	10				
	合　计		100				

延展思考

在人工智能技术辅助下，乳房美学设计如何避免过度美化和"标准化"，确保个体的多样性和独特性得到尊重，同时符合美容伦理的原则？

（韩超、沈桥）

任务三　躯干美学分析与设计

1. 了解躯干美学概述，熟悉躯干美的主要影响因素，掌握躯干审美的要素及基本原理。
2. 掌握躯干部的美学评估及设计方法，能根据需求进行美学设计。
3. 能够求真务实，尊重客观规律，培养正确的审美观。

情景导入

小陈是一个20多岁的女性(图5-3-1),对自己的体态并不满意。每次照镜子或者拍摄全身照时,她总觉得自己的整体形象不够协调,体态欠佳。她尤其注意到自己的姿势问题,感觉自己有点"弓腰驼背"的倾向,这使她对自己的外貌自信心产生了一定的负面影响。由于对自己的体态有改进的强烈需求,她希望通过美学设计师的指导来优化她的整体形象。她求助美学设计师李老师,希望帮助分析什么原因导致形体不理想?

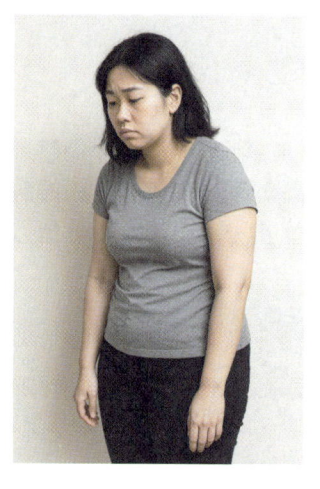

图5-3-1 求美者小陈

任务分析

容貌、身高、体型是影响整体形象的三大关键因素。躯干的协调比例(也是体型的关键因素)影响着整体形象,其中颈肩、胸背、腰腹部的形态是体型的重要组成部分。人们经常用身材和体型作为对躯干部美学的描述。如果想拥有一个美好的体型,对比例、线条、对称、均衡这些关键因素就要充分把握。

身材比例协调是人体美学的重要内容。学习好人体的比例美、曲线与轮廓美学评估及设计方法,可以帮助求美者用恰当的方式塑造健康的美态。

在本任务中,我们要一起探究躯干美(体型塑造)的参考标准。运用测量的方法,了解身体躯干部的结构和比例,掌握躯干美学的标准。为更好地开展美学评估和方案设计提供数据参考及依据。

学习活动一:躯干美学的测量和评估方法

相关知识

一、躯干美学概述

(一) 躯干的美学地位与重要性

在探讨人体美学中,躯干部分占据了极其核心的地位。作为身体的主体,躯干不仅支撑着人体的结构完整性,还是力量和运动的中枢。在美学评价中,躯干的形态和比例直接影响着整体的和谐与美感。在美学上,躯干被视为衡量身体美的一个重要标准,无论在古代的雕塑艺术中,还是现代的时尚和体育领域,躯干的形态都是判断美的关键因素。

躯干的美学地位源于其在视觉和功能上的重要性。从视觉角度看,躯干连接上下肢,其比例和线条的流畅性能显著影响人的外观印象。一个均衡的躯干能为肢体的动作提供优雅的基底,反映出动态与静态之间的美学平衡。此外,躯干的健康状态也与人的整体健康密切相关,健康的躯干展示的是力量与活力的象征,这在体育运动员的身上表现得尤为明显。

因此，躯干不仅是美学评价的重要内容，也是现代医学美容与健康管理的关注焦点。通过研究躯干的美学，我们可以更深入地理解人体美的标准，为美学设计、体型塑造及相关健康领域提供科学、艺术的支持。

（二）躯干美学与健康形态的关系

躯干美学与健康形态之间的关联是显而易见的。躯干不仅是人体美学的核心，同时也是身体健康的基石。一个均衡且和谐的躯干通常意味着健康的身体，因为健康的躯干结构能够有效支撑身体活动，减少疾病的发生。

从解剖学角度看，躯干包含了多数重要生命器官，如心脏、肺部以及大部分消化器官。这些器官的健康状态直接反映在躯干的外观上。例如，正常的胸廓扩张表明呼吸系统功能良好，而健康的腹部线条往往提示良好的消化和内脏功能。此外，躯干的肌肉发达程度和脂肪分布也是评估个体营养状况和健康水平的重要指标。

健康的躯干美学进一步与体态直接相关。良好的体态不仅展示了躯干的美观，更是体现了骨骼与肌肉系统的和谐运作。躯干部位的肌肉平衡对维持正确的体姿至关重要，有助于防止多种由姿态不良引起的慢性疾病，如脊椎侧弯、颈椎病等。因此，躯干美学的培养与健康形态的维持互为因果，相辅相成。

在现代健康管理与美容领域中，专家们越来越注重躯干美学与健康形态之间的联系。通过运动训练、营养调整以及生活习惯的优化，可以显著改善躯干的美学表现，进而提升整体健康水平。教育者和健康专业人士通过深入了解这一关系，可以更有效地指导人们达到美与健康的双重目标。

（三）躯干审美的文化与历史背景

在不同的文化与历史背景下，躯干的审美标准经历了丰富的演变。在古希腊时期，躯干的比例与形态被视为美的典范。古希腊雕塑家通过对人体躯干的精细刻画，展示了人体之美与自然和谐融合，《掷铁饼者》便是其中的典型代表。这一时期的人们强调躯干的对称、均衡和力量，认为这样的形态不仅是外在美的表现，更象征着个体内在的道德与智慧。躯干的美被视为与神性接近的表现，古希腊艺术中的人像多数反映出这一点。

进入中世纪，审美焦点逐渐从古典的人体美转向精神与宗教象征，躯干的形态不再是艺术表达的中心，强调更多的是谦卑和虔诚的姿态。然而，到了文艺复兴时期，随着人文主义的复兴，躯干的美学重新受到了极大关注。达·芬奇和米开朗琪罗等艺术大师通过解剖研究，精确描绘了人体的躯干，强调躯干在表现力上的重要性。如《大卫》雕像，通过刻画其强健而匀称的躯干，呈现了力量、勇气和精神上的超越，深深影响了后来的艺术与审美观念。

现代社会中，躯干美学在不同文化中也展现出各自独特的特点。现代西方时尚行业倾向于崇尚修长而肌肉分明的躯干，以展现健康与力量的结合，而在东方文化中，注重躯干的柔和线条与整体的协调性，更强调体态的轻盈感和比例的和谐美（参见躯干美学 AR，请扫二维码和图片）。随着全球化的推进，审美观念逐渐融合，各种文化对躯干美学的理解和追求也越来越多元化，但健康与自然的美成为当代审美中的重要核心。

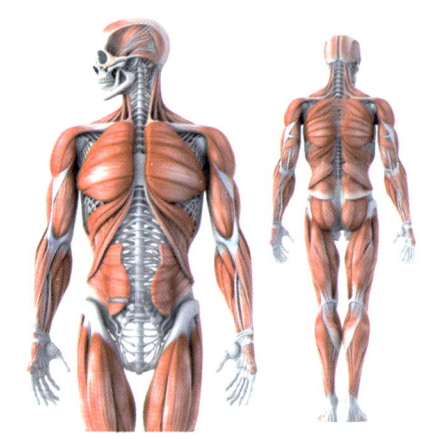

躯干美学 AR

二、躯干比例与形态分析

(一) 躯干的理想比例标准

对我国成年男女身体比例的研究显示,身高与头长的比例通常为7~7.5,女性比例略低一些。从头顶到下颌大约为1个头长,而从下颌到乳头线、乳头线到肚脐的距离基本相等,也是1个头长。两肩之间的宽度大约为2个头长,上臂的长度为1.33个头长,前臂约为1个头长,手部则大约为2/3个头长。从髋关节大转子到膝盖髌骨中点的长度,与从髌骨中点到足跟的长度大致相等,均约为2个头长。人体的中点通常位于耻骨联合处。这些比例不仅为医学领域中的评估与诊断提供了科学依据,也成为艺术创作中表现人体美的重要参考标准。

通过对人体比例的探讨,可以看到医学对人体解剖与生理的深入研究,为艺术中人体美的呈现提供了坚实的科学基础。与此同时,艺术对人体美的不断探索和表现,也推动了医学对人体结构和比例的进一步研究与理解。这种医学与艺术之间的相互作用,不仅深化了我们对躯干比例美的认识,还促进了美学设计与医学实践的结合,实现了科学与美学的高度统一。

(二) 人体比例学说

1. 达·芬奇的人体比例学说

达·芬奇在长期的绘画实践和解剖研究中,发现并提出了重要的人体比例规律:标准人体的比例为头长是身高的1/8,肩宽是身高的1/4,平伸双臂的宽度等于身高,两腋之间的距离与臀部宽度相等,乳房位置与肩胛下角在同一水平线,大腿正面厚度等于面部厚度,跪下时身高减少1/4。这些比例不仅指导了艺术创作,也为医学解剖学提供了宝贵的参考(图5-3-2)。

2. 弗里奇的人体比例学说

德国体质人类学家弗里奇提出,女性白种人的身高与其他部位的比例为:身高等于7个足长、8个头长、9个手长或10个脸长(从发际线到下颌)。他的研究强

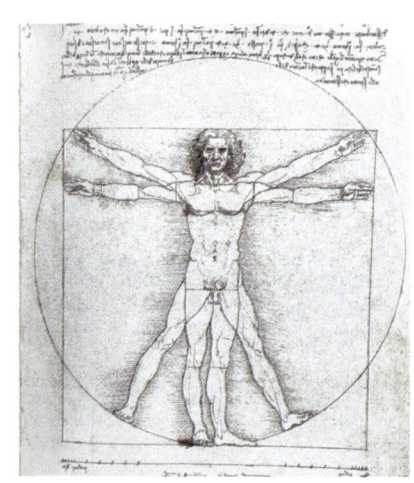

图5-3-2 维特鲁威人(达·芬奇 绘)

调了人体各部分之间的比例关系，对医学中的人体测量学和艺术中的人物造型都有重要影响。

3. 巴龙通的人体比例学说

巴龙通的学说是近代比较流行的人体美的标准之一。他认为成年男性的身高为7.5个头长，头至臀部为4个头长，肩宽一般小于2个头长，肩至肘和掌根至中指尖均为1个头长，髋部宽度为1.5个头长，膝盖以下为2个头长。这些比例为医学中的人体生理研究和艺术中的人物刻画提供了重要依据。

4. 阿道夫·蔡辛的人体比例学说

德国数学家阿道夫·蔡辛于1854年首次将"黄金分割律"应用于人体比例，提出了人体结构中的黄金规律。这一理论与现代学者对人体美的研究基本一致，体现了数学、美学和医学的跨学科融合，为理解人体比例美提供了科学依据。

（三）不同性别的躯干比例差异

男性与女性在躯干比例上的差异主要体现在体型特征和功能需求的不同上。男性的躯干通常较长且宽阔，肩宽显著，胸廓发达，这使得男性的体态呈现出力量感和稳定性。这种体态特征与男性的生理特性相关，能够有效支撑上肢力量的运用，并适应更大的身体活动量。此外，男性腰部较短且平直，整体呈倒三角形，有助于维持重心的稳定性，尤其在体力劳动或运动中表现得尤为明显。

相比之下，女性的躯干比例则表现出更多的曲线感，肩部相对较窄，胸部、腰部和臀部之间的比例更加柔和。女性胸廓相对较小，腰部曲线明显，与较宽的髋部形成鲜明对比，从而展现出S形的轮廓。这种体型特征不仅体现了女性在审美上的柔美，还与其生理功能紧密相关，如受孕和分娩所需的骨盆宽度等。此外，女性较长的腰部有助于更好地支持下腹部和骨盆区域，增强其在生育过程中的适应性。这些性别差异在不同的文化背景中被赋予了各自的美学意义。

三、躯干的美学部位

（一）肩部美

1. 肩部的美学意义

肩部的正常形态在构建整体和谐美感中起着至关重要的作用。肩部位于上肢的起点，连接躯干与上肢，其解剖范围覆盖于三角肌区域，与颈部、胸部、背部和上臂区分清晰。形态上，肩部呈现出三角形结构，中央隆起圆润。肩部的骨骼结构主要由肩关节、锁骨、肩胛骨和肱骨上端构成，外部形态由三角肌和喙肱肌塑造，肩关节为肩部形态提供了骨架支撑。

在男性身上，肩部通常比较平宽，肩峰高且结实，展现出阳刚之美，而在女性的肩部，形态相对平薄，肩峰低矮，给人一种娇小柔弱的感受。

2. 肩部的形态类型

肩部的形态可以分为正常肩、平肩、溜肩、耸肩和不对称肩等多种类型。

（1）正常肩：肩部上缘与颈部的交界点高于肩峰，交界处与肩峰之间的假想连线与水平线的夹角通常小于45°。

（2）平肩：夹角明显减小，使肩部上缘与颈部交界处几乎与肩峰等高，表现为肩部平坦的形态。

(3) 溜肩:常被称为塌肩,其特征是肩部上缘与颈部的夹角大于45°。由于女性的自然肩部夹角较大,因此女性的溜肩判断标准应适当放宽。

(4) 耸肩:肩峰高于肩部上缘与颈部的交界处,呈现出一种明显的肩部上提状态。

(5) 高低肩:表现为左右肩部不对称,可能呈现出一侧平肩、一侧耸肩或溜肩等组合。另外,还存在一些罕见的肩部畸形,如翼状肩,表现为肩胛骨短小并向上移位至颈部区域。

(二) 背部

1. 背部的美学意义

背部美学是整体美的重要构成部分之一。背部位于躯干的上部后侧,上界为第一胸椎,下界为第十二肋骨,侧界为腋后线。正常情况下,从侧面观察,背部呈现圆滑的后凸弧线,这与脊柱的生理曲度密切相关。胸椎的后凸曲度通常距中线 2.5～4 cm。从后方看,背部正中有一道纵向沟槽,两侧则有纵向肌肉的轻微隆起。

男性背部通常呈现方形,肌肉分布凸凹有致,肩胛骨较大且明显,胸椎的后凸弧度较小,整体显得宽阔而有力。女性背部则展现出不同特征,肩胛骨较小,肌肉不如男性发达,背部轮廓较为平滑,胸椎的后凸弧度略大,结合颈椎前凸形成柔和的 S 形曲线。倒梯形的上身与相对宽阔的骨盆相呼应,进一步凸显了女性的细腰特征。

2. 背部的形态类型

背部形态的美感主要取决于脊柱的形态,依据脊柱的生理曲度,可将背部分为正常背、圆背、平背和鞍背等类型(图 5-3-3)。

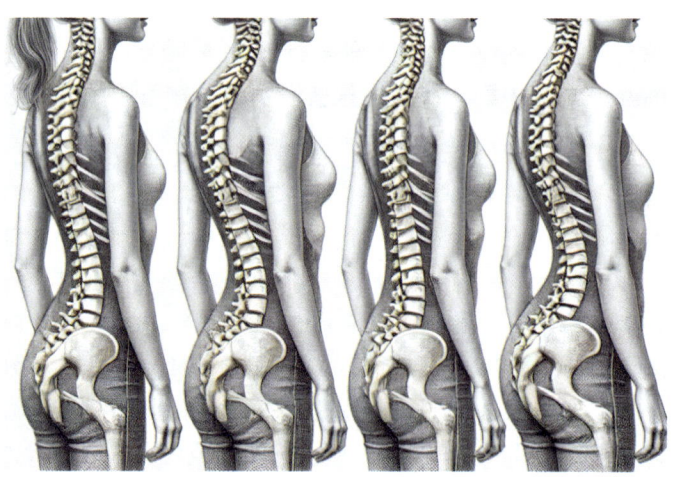

图 5-3-3 左到右依次展示正常背、驼背、平背和鞍背

(1) 正常背:头颈保持在肩部正上方,脊柱的生理弯曲度处于正常范围内,颈曲与腰曲的弯矩在 3～5 cm,胸曲的弯矩在 2.5～4 cm。

(2) 圆背(驼背):胸椎曲度过度后凸,背部呈现明显的圆弧状,头颈位置超出标准姿势线的前方。

(3) 平背:即直背,表现为胸曲和腰曲的弯度过小,背部线条较为平直。

(4) 鞍背:胸椎下段和腰椎的前凸过于明显,导致腹部前凸,头颈及上躯干落于标准姿势线的后方。

这种分类可以帮助更好地理解背部的生理美感与姿态的差异,有助于进一步探索背部美学在不同人群中的表现。

(三) 胸部

1. 胸部的美学意义

胸部作为人体的一个重要部位,其美学价值体现在形态与功能的结合。胸廓呈扁圆状,内含心、肺及大血管等人体重要器官,作为上半身的主要支撑区域,对整体体态的平衡与协调起着至关重要的作用。胸部的上界为锁骨,下界为肋弓,左右两侧由腋中线划定。胸部不仅在解剖学上具有重要性,其外形也与性别特征及健康状态紧密相联,是衡量人体美学的重要因素之一。

2. 胸部的形态

胸部的外观基于骨性胸廓,骨骼外包覆着胸大肌、胸小肌、前锯肌等主要肌肉群,这些肌肉决定了胸部的外在形态,其中尤以胸大肌的发达程度为主导。正面观:胸廓呈上小下大的桶状,但由于肩部、胸大肌和背阔肌的支撑作用,胸部的表面轮廓呈现出上大下小的倒梯形结构。侧面观:胸部呈现一个前下倾斜的卵圆形轮廓。

男性的胸肌发达,胸部轮廓较为方正,胸廓大而宽,厚实有力,整体与腹部相比,胸长略小于腹长。相对而言,女性的胸肌较为扁平,但由于乳腺发育形成乳房,胸廓较为窄小且圆润,胸部下部内收明显,与腹部的比例更加均衡,胸长与腹长相等,显现出腰际位置较高的特点。

(1) 正常胸:胸廓呈圆锥形,左右径大于前后径,二者的比例通常为 4∶3。婴幼儿与老年人的这一比例趋于接近,而成人的胸骨较为平坦,胸部肌肉结实且丰满,胸椎略微后凸。

(2) 扁平胸:表现为胸廓前后径明显缩小,左右径与前后径的比例小于 3∶4,胸部呈平坦状态,伴有肩膀高耸、锁骨突出,肋骨显露。常见于体质较弱、消瘦者,或肺结核等疾病的患者。

(3) 桶状胸:胸廓前后径异常增大,甚至与左右径持平或超过,形如圆桶。多见于肺气肿患者。

(4) 鸡胸:胸廓前后径增加,左右径缩小,侧壁向内凹陷,胸骨向前突出,形态如同鸡的胸廓,常见于佝偻病患者。

(5) 漏斗胸:胸骨下端向内凹陷,凹陷的最深点位于胸骨剑突联合处,形如漏斗。多见于佝偻病或其他发育异常的患者。

(四) 腰部

1. 腰部的美学意义

腰部是构成人体曲线美的重要部分之一,也是"三围"中的关键部位。纤细的腰肢是女性形体美的显著特征之一,蕴含着动静结合的曲线美感。腰部的柔软曲线在静态和动态下都能凸显身体的起伏之美,尤其是在腰臀围比例约为 0.7 时,纤腰美更具吸引力。腰部位于躯干的下部,脊柱的后侧区域,从第 12 肋骨到髂嵴。腰是人体躯干的最凹陷部位,前后方观察时,凹点位于肋弓与髂嵴之间稍上,侧面观察凹点则在第 3、4 腰椎的棘突处。

从解剖学角度,腰部由脊柱的腰段和周围软组织构成。脊柱腰段是整个脊柱活动度最大的部分,这一区域没有其他骨骼限制,因此,腰部的任何曲线变化都能直接影响人体整体的美学表达。软组织中的皮下脂肪对腰部的形态有着显著影响,优美的腰部曲线可以圆滑地连接胸背部与臀部,成为上下躯体活动的枢纽。

2. 腰部的形态

腰部的形态美主要体现在两侧的曲线变化,以及上下躯干之间的平滑过渡。男性的腰部通常表现为力量感,骶棘肌、腰大肌和腹外斜肌较为发达,腰部呈现粗圆的形态。男性腰椎前凸不明显,腰部两侧肌肉隆起,脊柱棘突处稍有下陷感。腹外斜肌与腹内斜肌的发达,使得侧面轮廓在肋弓最低点至髂后上棘之间有轻微的凹陷,展现出强壮的腰部形态。

相比之下,女性的腰椎前凸更为明显,与胸椎的后突共同构成了优美的"S"形曲线。腰部两侧的内收形成了腰线,显示柔美纤细的形态。腰线也称为侧腹线,通常位于肚脐稍上方,左右呈现对称的弧形曲线。这一曲线在男女之间存在明显差异,并直接决定了腰部的美学特征。女性的腰部纤细柔韧,与胸部和臀部共同构成婀娜多姿的体态美。

> **小提示**
>
> 腰围是衡量体形与健康美的标尺,不仅决定美感,还反映身体功能。对于东方人群,理想腰围应综合身高、体脂与体形等因素评估:腰围身高比建议控制在 0.46 以下,女性腰臀比则以 0.67~0.80 为宜,这样既能体现曲线美,也符合健康功能性的标准。需避免盲目追求细腰,过细则可能导致核心力量下降和体能减弱。只有通过科学减脂与强化腰腹肌群,才能塑造真正健康、匀称的身体线条。

(五) 腹部

1. 腹部的美学意义

腹部位于躯干正面下部,上起剑突与肋弓,下至耻骨联合、腹股沟和髂嵴,左右两侧为腋中线,是人体中没有骨骼支撑的重要区域。其外部形态主要由腹肌与皮下脂肪的分布与厚度决定。沿腹部正中线,从剑突至脐部有一浅沟,与腹白线相对应,称为腹线。从侧面看,腹部呈微凸曲线,展现出躯干整体曲线的柔和与优美。

2. 腹部的形态

理想的腹部曲线应当表现出美观的对比,腹围与臀围的比例应当和谐统一,腹部应保持平坦或轻微隆起。皮肤应无色素沉着、静脉曲张,避免脂肪过度堆积或皮肤松弛,肚脐大小适中,整体腹部应柔软而富有弹性。

根据腹前外侧壁膨隆的程度,腹型可以划分为以下五类。

(1) 舟状腹:此类型腹部松软且薄,肌肉不发达,皮下脂肪极少,腹部呈凹陷状,仰卧时表现更为明显。常见于身体消瘦或营养不良者。

(2) 扁平腹:腹壁轻微隆起,上、下腹部位于同一冠状面,正中线的纵沟较浅且宽,可见两侧腹直肌的轮廓。此类型的皮肤富有弹性,皮下脂肪适中且均匀分布,肚脐呈凹陷状。扁平腹常见于年轻人和肌肉发达者,被视为最为理想的腹型。

(3) 蛙状腹:腹前外侧壁明显膨隆,脂肪丰厚,腹肌轮廓不显。腰椎前移,俗称"将军肚"。男性腹部皮褶厚度超过 1.5 cm,女性超过 2.0 cm,常见于肥胖者。

(4) 悬垂腹：皮下脂肪显著增厚，皮肤松弛，前腹膨隆，尤其下腹部前突并下垂，伴随腰椎前移。此类型见于明显肥胖者。

(5) 蛛形腹：脂肪大量堆积，皮肤松弛，腹部极度向前、向两侧膨隆，外形似蜘蛛腹。脊柱腰曲明显前移，腹围显著大于胸围，腹部皮褶厚度在男性大于 2.8 cm，女性大于 4.0 cm，多见于肥胖症患者。

> **知识链接**
>
> 脐，又称脐孔，是人体的一个重要体表标志，具有独特的审美价值。其形成于出生时脐带脱落后愈合的皮肤瘢痕，紧密连接腹直肌鞘，并由皮肤与皮下脂肪包围，呈陷窝状。脐位于腹部正中线，高度大致对应第 3 至第 4 腰椎之间。在人体比例中，脐为人体头高的第三分界线，且依据黄金分割律，脐位于人体全长（从头顶至足跟）三等分中的重要位置。在造型艺术中，无论躯干或肢体如何运动，脐在人体轴线上的位置保持相对稳定。

（六）骨盆与臀部

1. 腹部的美学意义

骨盆由髂骨、坐骨、耻骨、尾骨和骶骨构成，其特点和附属肌肉决定了骨盆的外形，并具有显著的性别特征。男性骨盆形状较短呈方形，后视呈正方形，盆腔前后径小于左右径。而女性骨盆形状较长，侧翼外展，髂嵴间距比男性更宽，前后径与左右径相等，前倾角大，形成骶部和耻骨明显外突的形态，赋予女性独特的生殖力和造型美。

臀部作为腰与腿的连接部位，其骨架为骨盆，外覆有臀大肌、臀中肌、臀小肌等。女性臀部因皮下脂肪厚、外形圆润丰满，呈球状后突。男性臀部则因骨盆高、脂肪少，肌肉发达，形态窄，呈肾形。臀部通过运动与腰部紧密相连，在人体动态中凸显曲线美。

2. 腹部的形态

臀部形态可分为四种类型：上翘型、标准型、下垂型和扁平型。上翘型臀部圆润富有弹性，符合曲线美的标准；标准型臀部虽无明显上翘，但整体与上翘型相似；下垂型则由于脂肪积累、皮肤松弛而下垂；扁平型因脂肪和肌肉较少，形态平坦。

臀围、臀弧长、坐姿臀宽及臀厚是衡量臀部形态的基本指标。根据身高比例，臀围与身高的理想比例为 0.553。臀部的形态受髂嵴突度、前倾程度、大转子位置、臀肌发达程度及脂肪堆积影响。通过保持合理饮食与运动，可使臀部更紧实，凸显人体曲线美。

四、影响躯干审美的因素

躯干作为人体的重要组成部分，其形态和外观直接影响个体的整体美感。不同的因素会在不同程度上塑造躯干的审美特征，包括生理、心理、文化及社会背景等方面。了解和分析这些影响因素，对于进行科学合理的躯干美学设计至关重要。以下是影响躯干审美的几个主要方面。

1. 比例与对称性

躯干各部位的比例和对称性是审美的重要标准。常见的比例如"黄金比例"被认为能提升躯干的视觉和谐感。身材的上下、前后、左右的对称性也直接影响其美学效果。

2. 肌肉线条与体型

躯干的肌肉结构、紧致度和线条感影响其整体美感。比较匀称和有形的肌肉线条通常被认为是健康和美的象征。

3. 脂肪分布与体脂比例

体脂的分布直接影响躯干的外形。合理的体脂比例可以使躯干更加平衡和健康，而过多或过少的脂肪则可能影响躯干美感。

4. 皮肤状态

皮肤的紧致度、光滑度和色泽都会影响躯干的外观。光滑、紧致的皮肤通常给人健康、美丽的印象，而松弛、粗糙的皮肤可能影响审美感受。

5. 姿势与体态

躯干的姿势和体态，如站立、走路、坐姿等，也对审美有很大影响。良好的体态能够凸显躯干的美感，增加整体的气质和自信。

6. 文化与社会因素

不同文化和社会背景下的审美标准不同。历史时期、地区和社会群体的审美观念对躯干美学的评价具有重要影响。

7. 遗传因素

基因决定了个体的骨架结构、身高、体型等，直接影响躯干的美学表现。

8. 健康状态

身体健康状态，尤其是脊柱、呼吸和消化系统的健康，影响躯干的外形和功能，进而影响其美学表现。

五、躯干的美学标准与测量方式

如果对躯干的美学特征进行准确评估，科学的测量方法和客观的评估标准至关重要。本任务将详细介绍躯干比例的测量方法、形态的评估标准，以及躯干部位之间的协调性分析，为美学设计和体型塑造提供科学依据。

（一）躯干比例的测量方式

躯干比例的测量是人体美学分析的基础，通过精确的测量，可以了解个体的体型特征和比例关系，为后续的美学评估和设计提供数据支持。以下是常用的测量方法和具体参考标准数据（表5-3-1）。

表 5-3-1 躯干比例测量标准

测量项目	测量方式	意义	美学参考值
身高测量	被测者赤足站立，背部紧贴测量板，头部正直，眼睛平视前方，测量从头顶部至足底的垂直距离	衡量人体比例的重要基准，用于计算其他部位与身高的比例关系	18~44岁平均身高：男性约169.7 cm，女性约158 cm
头长测量	从头顶部至下颌最下缘的垂直距离	用于计算头长与身高的比例，正常情况下身高约为7~7.5个头长	成人平均头长约24 cm，理想身高为7~7.5个头长（168~180 cm）

(续表)

测量项目	测量方式	意义	美学参考值
躯干长度测量	从第七颈椎至坐骨结节的垂直距离	反映上身的长度,评估上、下身比例	躯干(不含头颈)身高的34%~38%(坐高身高52%~53%,减去头颈高度)
肩宽测量	测量左右肩峰之间的水平直线距离	评估肩部的宽度,对肩部形态和比例有重要作用	男性理想肩宽约为身高的25%;女性理想肩宽约为身高的25%减去2 cm
胸围测量	在胸部最丰满处绕体一周,水平测量	反映胸部的丰满程度和胸廓的发育情况	男性:理想胸围=身高×53%;女性:理想胸围=身高×50%
腰围测量	在腰部最细处绕体一周,水平测量	评估腰部的纤细程度,是衡量体型的重要指标	男性:理想腰围=身高×45%;女性:理想腰围=身高×37%
臀围测量	在臀部最丰满处绕体一周,水平测量	反映臀部的丰满度和形态特征	男性:理想臀围=身高×54%;女性:理想臀围=身高×56.5%
上、下身比例测量	测量坐高(坐姿时从头顶到座面的高度)和身高,计算下肢长度	评估上身与下身的比例,理想的上下身比例为5∶8	下肢长度=身高×53%
躯干各部位的比例关系	比较肩宽、胸围、腰围、臀围等数据	分析躯干各部位之间的比例关系,评估体型的匀称程度	胸腰比:男性约为1.2,女性约为1.4;腰臀比:男性美学标准0.85以下,女性约0.75(美学理想值)

注:本表侧重美学参考,部分指标与医学标准不同,应用时应结合个体实际综合判断

(二)躯干形态的评估标准

在了解躯干比例的基础上,需要对躯干的形态进行评估,以确定其是否符合美学标准(表5-3-2)。评估标准通常包括以下几个方面。

表5-3-2 躯干形态评估标准

评估项目	评估标准	形态特征/说明
1. 肩部形态评估	角度标准	肩部上缘与颈部的交界点高于肩峰,假想连线与水平线的夹角小于45°
	正常肩	形态特征:肩部线条平滑,肩峰位置适中,肩部与颈部过渡自然
	异常肩形	溜肩:夹角大于45°,肩部下垂 耸肩:肩峰高于正常位置,肩部上提 高低肩:左右肩部不对称,肩高差超过1 cm需关注
2. 背部形态评估	测量标准	胸椎后凸弯矩在2.5~4 cm
	正常背	形态特征:脊柱生理曲度正常,背部曲线自然流畅
	异常背形	驼背:胸椎后凸弯矩超过4 cm 平背:胸椎后凸弯矩小于2.5 cm,背部平直 脊柱侧弯:脊柱偏离正中线,侧弯角度超过10°需矫正

(续表)

评估项目	评估标准	形态特征/说明
3. 胸部形态评估	男性胸部	理想形态:胸肌发达,胸围与腰围比例协调 参考标准:胸围与腰围之差应在 12 cm 以上
	女性胸部	理想形态:乳房丰满,形态对称,乳头位置在第 4 或第 5 肋间隙 参考标准:胸围与腰围之差在 20 cm 左右
4. 腰部形态评估	腰围	健康标准:男性腰围<90 cm,女性腰围<80 cm 美学标准:腰围与身高的比例,男性约为 0.45,女性约为 0.37
	腰曲	形态特征:腰椎前凸曲度正常,弯矩在 3~5 cm
5. 腹部形态评估	理想腹型	形态特征:腹部平坦或微微隆起,腹肌线条明显 皮褶厚度:男性<1.5 cm,女性<2.0 cm
	异常腹型	舟状腹:腹部凹陷,常见于过度消瘦者 蛙状腹:腹部明显膨隆,脂肪堆积,皮褶厚度男性>1.5 cm,女性>2.0 cm 悬垂腹:腹部下垂,皮肤松弛,需关注健康风险
6. 臀部形态评估	理想臀型	形态特征:臀部丰满、上翘、曲线圆润
	臀围参考	男性臀围=身高(cm)×54%,女性臀围=身高(cm)×56.5%
	腰臀比	女性约为 0.7,男性约为 0.9
	臀部类型	上翘型:臀部丰满度高,臀线位置高于大腿中部 下垂型:臀部下缘低于大腿中部,需通过运动改善 扁平型:臀部缺乏丰满度,曲线不明显
7. 躯干整体形态评估	比例协调	上下身比例:理想比例为 5∶8,即上身长度为身高的 38.5%,下身长度为 61.5% 四肢与躯干比例:手臂自然下垂时,指尖应达到大腿中部
	曲线流畅	侧面曲线:颈部前凸(弯矩约 2 cm)、胸部后凸(弯矩 2.5~4 cm)、腰部前凸(弯矩 3~5 cm)、骶部后凸(弯矩约 1 cm)
	体态端正	站立姿势:头、肩、髋、膝、踝在同一垂直线上 坐姿标准:背部挺直,臀部坐满座位,双脚平放

注:本表侧重美学参考,部分指标与医学标准不同,应用时应结合个体实际综合判断

(三) 躯干部位之间的协调性分析

躯干部位之间的协调性对整体美感有着重要影响。通过分析各部位的比例关系和形态特征,可以判断躯干的协调程度(表 5-3-3)。

表 5-3-3 躯干部位之间的协调分析

项目	理想比例	指标计算	理想值	健康标准	备注
肩、腰、臀比例分析	男性:肩宽>臀宽>腰围,形成倒三角形 女性:肩宽≈臀宽,腰围小于肩宽和臀围,形成沙漏型曲线	肩腰比:肩宽÷腰围 腰臀比(WHR):腰围÷臀围	男性:约 1.6 女性:约 1.4	男性:不大于 0.9 女性:不大于 0.8	女性美学理想值:腰臀比约 0.7

(续表)

项目	理想比例	指标计算	理想值	健康标准	备注
胸腰臀比例分析	女性:"三围"比例:胸围:腰围:臀围＝0.5:0.37:0.565	胸腰差:胸围－腰围 腰臀差:臀围－腰围	胸腰差:约20 cm 腰臀差:约25 cm		以身高为基准进行测量
躯干与四肢的协调性	上肢长度(躯干长度的比值):上臂,19%、前臂,14.5%、手长,11% 下肢(躯干长度的比值)长度:大腿,23.5%、小腿,21%、足长,15%				上肢与下肢比例协调,过渡自然
躯干前后侧的平衡	胸部前凸与背部后凸弧度相称,腰部前凸与臀部后翘相呼应	铅垂线测量:从耳垂垂直向下,经过肩峰、髋关节、大腿侧面、膝关节和踝关节			确保侧面曲线平衡,身体前后比例自然
体态与姿势分析	站姿:头部微收,目视前方,肩部放松下垂,双肩平衡躯干挺胸收腹,脊柱保持自然曲度 坐姿:背部挺直,双腿自然弯曲,双脚平放地面动态观察:步态轻盈,步伐自然				动作协调性与姿势平衡是优雅与健康的体现,避免僵硬与不协调

注:本表侧重美学参考,部分指标与医学标准不同,应用时应结合个体实际综合判断

六、躯干美学评估方法论

在本任务中,我们将详细介绍躯干美学标准的两种测量方法以及躯干诊断分析的实施步骤。这些方法为准确评估躯干比例和形态提供了科学依据,有助于发现美学上的优势和不足。

(一) 传统工具测量法

传统工具测量法是一种系统化的躯干各部位测量方法,主要通过软尺、测量尺等工具进行直接测量。实施该方法首先需做好充分的测量准备,包括确保求美者小陈穿着轻薄、贴身的衣物,赤足站立于平坦宽敞且光线充足的测量场所,以保证姿势自然放松。其次,按照预定的测量顺序依次进行各项测量,如身高、头长、肩宽、胸围、腰围、臀围及躯干长度等。最后,在每一个测量环节,美学设计师需严格遵循标准操作步骤,熟练掌握使用测量工具的技巧,确保数据的准确性和一致性。通过系统的操作流程和持续的技能训练,美学设计师能够有效掌握这一传统测量方法,规范操作流程,提升实际测量能力,从而为相关领域的研究和应用提供可靠的数据支持。

● 注意事项

1. 表格中所列的参考标准数据仅为"平均值"和"常见范围",仅供参考。在实际应用中,还需考虑不同年龄、性别、种族等因素所导致的差异。

2. 个体差异普遍存在,不能简单拿一条"标准"或"理想值"作为衡量美或健康与否的唯一依据。

3. 测量时应确保软尺与地面平行,避免倾斜造成误差。每个部位可重复测量 3 次,取平均值以提高准确性。

(二) 影像分析测量法

影像分析测量法通过系统化的流程和标准化的操作步骤,确保测量的准确性与一致性。在准备阶段,求美者小陈需要穿着贴身衣物以便清晰展示身体曲线,摄影设备则选用高分辨率相机或智能手机,并固定于三脚架上以保证稳定性。拍摄环境应选择背景简洁且光线均匀的场所,避免阴影和反光干扰图像质量。

拍摄按照既定的顺序进行。正面照要求受测者面向相机,双脚与肩同宽,双臂自然下垂;侧面照则需保持身体直立,头部正直。相机需与地面保持平行,镜头高度与求美者小陈胸部持平,确保图像无透视变形。拍摄完成后,将照片导入专业图像分析软件,如 AutoCAD 或 ImageJ,设定比例并校准图像。通过标记肩峰、胸围、腰围、臀围等关键测量点,利用软件工具进行尺寸和比例的计算分析。整个过程需确保求美者小陈姿势稳定,避免使用广角镜头以减少图像畸变,从而为美学设计师提供规范的操作指导和技能训练支持。

● 注意事项

确保被测者在拍摄过程中保持姿势不变,以获得清晰准确的图像。避免使用广角镜头,以减少图像畸变。

任务实施

以下是躯干分析与评估的实施步骤(图 5-3-4)。在获取躯干各项测量数据后,需要对其进行系统的诊断分析,以评估躯干的美学特征和存在的问题。

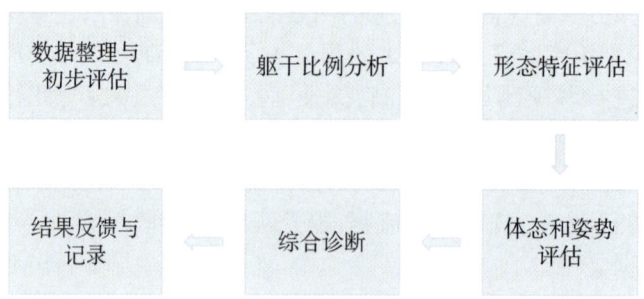

图 5-3-4 躯干美学评估实施步骤

1. 数据整理与初步评估

(1) 整理数据(表 5-3-4):将所有测量结果汇总,建立测量档案。

表 5-3-4　躯干美学评估信息登记表

部位	项目	情况记录	评价
形态评估记录			
肩部形态评估	肩线角度	夹角为____度,是否在正常范围内	
	肩部对称性	左右肩高度差为____cm,是否存在高低肩现象	
背部形态评估	脊柱曲度	胸椎后凸弯矩____cm,腰椎前凸弯矩____cm	
	背部对称性	是否存在脊柱侧弯,背部肌肉是否对称	
胸部形态评估	胸部丰满度	胸部(乳房)是否丰满,形态是否对称	
	胸部对称性	左右胸部是否对称,有无畸形或异常	
腰部形态评估	腰部曲线	腰椎前凸曲度____cm,曲线是否自然	
	腰围与身高比	实际值:____,标准值:男 0.45/女 0.37	
腹部形态评估	腹部平坦度	腹部是否平坦,有无脂肪堆积	
	皮褶厚度	____cm,是否在健康标准范围内	
臀部形态评估	臀部丰满度	臀部是否丰满,上翘程度如何	
	臀部形态类型	上翘型/下垂型/扁平型	
体态与姿势评估记录			
静态体态评估	头部姿势	头部是否正直,下巴位置如何	
	肩部姿势	双肩是否平衡,是否有耸肩或溜肩	
	躯干姿势	躯干是否挺直,脊柱曲度是否正常	
	骨盆位置	骨盆是否前倾或后倾,位置是否正确	
动态姿势评估	步态	步幅、步频是否正常,步态是否协调	
	动作协调性	四肢与躯干动作是否流畅,有无僵硬或不协调现象	

(2) 计算比例。

身高相关比例:如肩宽/身高、腰围/身高等。

部位间比例:如胸腰比、腰臀比等。

与标准值比较:将测量数据与参考标准进行对比,初步判断各部位的偏差程度。

2. 躯干比例分析

(1) 上、下身比例。

计算方法:上身长度(坐高减头长)与下身长度(身高减坐高)的比值。

评估:理想比例为 5:8,分析实际比例与理想值的差异。

(2) 躯干各部位比例。

肩宽:与身高的比例,评估肩部是否过宽或过窄。

胸围、腰围、臀围:分析三围之间的比例关系,判断体型特征。

(3) 性别特征评估。

男性:是否具有倒三角形体型特征。

女性：是否具有沙漏型曲线。

3. 形态特征评估

（1）肩部形态。

观察：肩线的平直度，判断是否存在溜肩、耸肩或高低肩。

测量：肩部角度，与标准角度比较。

（2）背部形态。

脊柱曲度：评估胸椎后凸和腰椎前凸的弯曲程度。

异常识别：判断是否存在驼背、平背或脊柱侧弯。

（3）胸部形态。

男性：胸肌发达程度，胸围与腰围的差值。

女性：乳房的丰满度、对称性，乳头位置。

（4）腰部形态。

腰围：评估腰部的纤细程度，腰围与身高的比例。

腰曲：观察腰椎前凸的曲度是否正常。

（5）腹部形态。

脂肪堆积：通过皮褶厚度判断腹部脂肪含量。

腹型评估：判断腹部是平坦、隆起还是下垂。

（6）臀部形态。

丰满度：臀围与身高的比例，评估臀部的丰满程度。

形态类型：判断臀部是上翘型、下垂型还是扁平型。

4. 体态和姿势评估

（1）静态评估。

正面观察：身体左右对称性，肩部、髋部水平情况。

侧面观察：脊柱生理曲度，头部、肩部、髋部、膝盖、踝关节是否在同一直线上。

（2）动态评估。

步态分析：步幅、步频、身体重心移动是否协调。

动作协调性：四肢与躯干的配合程度，是否存在僵硬或不协调。

5. 综合诊断

（1）优势识别：确定优点，列出符合美学标准的部位和特征，作为体型优势。

（2）问题定位：找出不足，针对偏离标准的部位，明确需要改进的方向。

（3）健康风险评估：提示问题，对于可能影响健康的体态问题，如脊柱侧弯、肥胖等，建议求美者进一步医学检查。

6. 结果反馈与记录

（1）撰写报告。

内容：包括测量数据、分析结果、优势和不足的总结。

语言：专业、客观，避免主观评判。

（2）反馈沟通。

方式：与求美者进行面谈或书面反馈，确保其理解评估结果。

态度：以积极、建设性的方式提出意见，尊重求美者的主观感受。

(3) 档案建立。

保存资料：将测量数据、分析报告等资料归档，便于后续跟踪。

隐私保护：遵守信息保护法规，确保被测者隐私不被泄露。

任务评价

躯干美学评估的任务评价将重点考察美学设计师在数据整理、比例分析、形态评估上的专业基础能力。评价将关注美学设计师能否准确整合并分析测量数据，是否能够评估躯干各部位的比例关系与标准的差异，并根据实际数据提出有效的对策。同时，设计师需具备对性别特征进行精准判断的能力，是否能够分析出求美者的体型特征。在此过程中，美学设计师的创新性与实用性也将成为评价重点，特别是在如何结合个体差异，制定出符合美学标准且切合求美者需求的个性化方案方面（表5-3-5）。

表5-3-5 躯干美学评估测评表

序号	评价内容	评 价 要 点	分值	自评	导师评价	备注
1	工具准备、使用及工具整理	测量工具的准备是否规范，使用是否准确，操作是否符合要求	10			
2	初步评估能力	通过目测是否能迅速识别躯干的主要特征及存在的问题，准确判断出改善方向，并合理制定后续的评估步骤	20			
3	测量规范性与精准性	在测量过程中是否严格按照规范操作，躯干美学数据记录是否详尽、准确，确保所有测量数据符合客观标准	25			
4	数据记录与分析	躯干美学相关数据记录是否准确、清晰，分析结果是否与预期一致	35			
5	沟通与反馈能力	在分析结果后，能否清晰、有效地与求美者沟通，解释测量结果	10			
	合　计		100			

延展思考

1. 在躯干美学设计中，如何综合考虑求美者的职业、生活方式等因素，制定既符合个人需求又具有实用性的形态优化方案？

2. 躯干美学评估中，如何平衡美学标准与个体差异（如体型、年龄、性别等）之间的关系？

3. 随着运动科学和健身行业的发展，躯干美学评估中是否可以结合个体的运动习惯与体能状况，制定更加健康和可持续的美学改善方案？

学习活动二：躯干美学的设计

相关知识

一、躯干美学设计的综合考量

（一）躯干美学设计的原则与理念

躯干美学设计的原则不仅是设计的指导方针，也是实现美与健康共存的必要条件。通过将整体性、个体化和健康优先原则的有机结合，设计师能够创造出既美观又符合人体需求的作品，从而提升个体的整体形象与生活品质。对于求美者而言，这些原则的应用将有助于她改善自身形态，实现对体态的自信与认同。

1. 整体性原则

整体性原则强调身体各部分之间的协调与和谐。在进行躯干美学设计时，设计者必须考虑到全身的比例和结构，避免局部设计的孤立性。以求美者小陈为例，她在照镜子时感到整体形象不够协调，尤其是因为姿势问题可能导致"弓腰驼背"的倾向，影响了她的自信心。因此，设计者在为小陈制定方案时，应综合考虑胸部、腰部及肩部的线条，旨在通过整体设计提升她的体态美感。这样的设计不仅提升视觉效果，还能通过良好的体态调整，增强其自信心。

2. 个体化原则

个体化原则要求设计必须依据每个人的身体特点、生活习惯和个人需求进行定制。小陈虽然受到外界的赞誉，但她的内心却对自己的体态感到不满，显示出她的个性需求。在躯干美学设计中，设计者应通过细致的诊断与评估，了解每位个体的独特性。例如，对于小陈的情况，设计方案可以侧重于纠正她的姿势，通过量身定制的服装设计，如提升腰线或运用支撑性较强的材料，帮助她改善体态，展现更加优雅的形象。个性化的方案不仅能满足她的外在需求，还能在心理上给予她支持与鼓励。

3. 健康优先原则

健康优先原则是躯干美学设计的根本出发点。在任何美学设计中，健康始终应被放在首位。小陈所面临的姿势问题可能与日常生活习惯有关，设计不仅要考虑外观美，更要关注人体的舒适性与功能性。例如，设计的服装应符合人体工学，确保良好的活动性和支撑性，减少对身体的不良影响。同时，在材料的选择上，优先考虑透气性和舒适度，以保障穿着者的健康。唯有在健康的基础上，才能实现真正的美学价值。

（二）影响躯干美学设计的多元因素

1. 生理因素

生理因素是躯干美学设计的基础，主要包括年龄、性别和遗传特征等方面。随着年龄的增长，身体形态和肌肉组织的变化会影响体态的美感。例如，年轻人通常更具弹性，而中老年人可能因肌肉松弛而导致体态问题。在性别方面，男性和女性在身体结构和美学标准上存在明显差异，设计方案应针对性别特征进行调整。同时，遗传特征也在形体美中起到关键作用，如身高、体型等。这些生理因素为设计师提供了重要的参考依据，确保设计的科学性与可行性。

2. 心理因素

心理因素对躯干美学设计的影响同样不可忽视。个体的自我认知直接影响其对自身形象的满意度。例如，小陈对自身体态的不满源于她的自我认知，影响了自信心。审美偏好则涉及个体对美的理解与追求，不同的人可能对体态的审美标准存在差异。设计师需敏锐捕捉这些心理因素，通过有效的沟通，了解求美者的需求与期望，进而制定适合的美学设计方案。提升求美者的自信心，使其能够认同自身的独特美感，是设计过程中的重要目标。

3. 社会文化因素

社会文化因素是影响躯干美学设计的重要外部环境，包括审美潮流、文化背景和职业需求等方面。不同的社会文化背景会塑造出独特的审美标准和风格。例如，在某些文化中，修长的身材被认为是美的象征，而在其他文化中，曲线优美的身材更为受欢迎。此外，随着时尚潮流的变化，审美标准也在不断演变，美学设计师需紧跟潮流，以确保设计方案的现代感与时效性。职业需求也是一个不可忽视的因素，不同行业对着装的要求各异，设计方案需灵活调整以满足职业的特点与需求。

> **小提示**
>
> 生理、心理及社会文化因素共同构成了躯干美学设计的多元背景。在进行设计时，设计师应全面考虑这些因素，通过科学分析与个性化方案，为求美者提供更为理想的美学体验。对于小陈而言，认识到这些影响因素不仅有助于她理解自身的体态问题，也能为她在改善形象的过程中提供更具针对性的指导和支持。

二、躯干美学设计路径

结合医学美容、人物形象设计和服饰搭配设计三方面的解决思路，美学设计师能够为求美者提供全面而个性化的躯干美学设计方案，帮助他们在外观与内心自信上实现双重提升。在小陈的案例中，综合运用这些设计方法，可以有效改善体态问题，提高她的整体形象满意度。

（一）医学美容方式

医学美容作为提升体态美感的重要手段，能够有效解决因生理因素导致的体态问题。例如，小陈可能存在的"弓腰驼背"倾向，可以通过专业的医学美容技术进行改善。以下是几种常见的医学美容方式。

1. 体态矫正疗法

采用物理治疗手段，如脊椎康复、肌肉松弛治疗等，帮助改善姿势，增强脊柱的稳定性与柔韧性。

2. 塑形疗程

如冷冻脂肪、激光溶脂等技术，可以有效调整局部脂肪分布，提升体态曲线的优美度。

3. 注射美容

如肉毒素注射、填充剂等，可以在短时间内实现面部和躯干的形态优化，使整体形象更具协调感。

(二)人物形象设计方式

人物形象设计涉及个体的整体形象塑造,涵盖了外表、气质和风格等多个方面。在设计过程中,设计师应深入了解求美者的特点与需求,以制定符合其个性和审美的形象方案。具体措施包括以下几方面。

1. 气质提升

通过形体训练、姿势矫正和气质培养,增强求美者的内在魅力,使其在外表和气质上更具吸引力。

2. 整体风格定位

根据求美者的职业、兴趣和生活方式,确立合适的风格定位,如优雅、时尚或休闲,确保设计方案的和谐统一。

3. 形象塑造咨询

提供专业的形象咨询服务,包括面部特征分析和整体协调性评估,帮助求美者找到最适合自己的形象设计方案。

(三)服饰搭配设计方式

服饰搭配是躯干美学设计中不可或缺的一部分,合理的服饰选择能够有效提升整体形象。设计师应考虑以下几个方面。

1. 颜色搭配

根据求美者的肤色、发色和个人喜好,选择合适的色彩组合,增强视觉效果,使整体造型更具层次感和活力。

2. 款式选择

推荐适合求美者体型和个性的服饰款式,如修身剪裁、A字裙等,突出求美者的优点,掩盖缺陷,实现美的平衡。

3. 配饰运用

通过巧妙的配饰选择,如围巾、首饰和包包,增强整体搭配的精致感,增加个性化元素,使形象更具魅力。

躯干美学设计的实施步骤如图5-3-5所示。

图5-3-5 躯干美学设计实施步骤

在躯干美学设计中,实施步骤是一个关键环节,需要综合考虑求美者的需求、专业评估以及可行的设计方案,以确保结果既满足求美者的期望,又体现专业水准。以下是详细的实施步骤,旨在通过科学合理的方法,达到理想的躯干美学效果。

1. 设计个性化目标

在设计方案的初始阶段,应与求美者进行深入沟通,了解其美学需求、期望效果以及生活习惯。这一阶段的核心是确定个性化的目标,如提升体态协调性、改善姿势或增强自信心等。这些目标应与求美者的自我认知及审美偏好相结合,为后续的实施提供明确方向(表5-3-6)。

表5-3-6 躯干美学设计求美者信息表

分类	项目	详细内容	情况记录
需求分析与定位	求美者背景分析	求美者基本信息、体态问题分析	
	美学需求确定	求美者期望、目标设定	
	体型比例测量	身高、头长、躯干长度、肩宽等测量数据	
	美学特征评估	躯干比例、形态、肩部、背部、腰部评估	
设计方案制定	医学美容方式	体态矫正疗法、塑形疗程、注射美容方案	
	人物形象设计方式	气质提升、整体风格定位、形象塑造咨询	
	服饰搭配设计方式	颜色搭配、款式选择、配饰运用	
实施与执行	美容治疗计划	求美者预约安排、治疗进度跟进	
	形象设计实施	形象咨询执行、服饰购买和搭配	
	效果实时反馈	求美者体验、问题反馈及调整	
效果评估与跟进	美学效果评估	治疗效果评估、形象改善度评定	
	后续跟进服务	求美者满意度调查、定期追踪服务	

2. 选择合适的设计方式

根据前期的评估结果,选择适合求美者的设计方式,可分为以下几种。

医学美容方式:如必要,建议求美者咨询专业的医学美容医生,考虑微整形或其他医学手段来改善体型。

人物形象设计方式:通过形象设计师的专业指导,选择适合的姿态和动作,帮助求美者展现最佳形象。

服饰搭配设计方式:根据求美者的身材特点与风格偏好,设计合适的服装搭配方案,以增强视觉美感。

3. 实施设计方案

在方案的实施过程中,需提供具体的指导和建议,包括以下几方面。

姿势训练:定期进行体态矫正训练,帮助求美者养成良好的坐、立、行姿势。

服装搭配:根据设计方案,帮助求美者选购与之相符的服饰,强调身材优势,掩盖不足之处。

持续的心理支持:通过积极的反馈与鼓励,增强求美者的自信心,促进其积极参与到美学设计中。

4. 定期评估与调整

实施过程中应设立定期评估机制,根据求美者的反馈与变化,及时调整设计方案。评估的内容包括姿态变化、形象提升及求美者自我感受等,以确保设计方案的适应性和有效性。

任务评价

躯干美学设计以科学测量和客观评估为基础,精准捕捉求美者的体型特征及美学需求。在此过程中,美学设计师密切跟踪求美者的治疗进程与形象塑造效果,并通过定期的效果评估与求美者反馈,确保设计目标的实现和求美者满意度的提升。此外,评价任务还应涵盖美学设计师在项目管理、求美者沟通及团队协作方面的表现(表5-3-7)。这不仅确保美学设计师在理论上深入理解躯干美学的核心知识,同时也强调了在实践中熟练运用这些知识的重要性,以满足除了求美者以外,不同求美者的需求,最终实现理想的美学效果。

表5-3-7 躯干美学设计测评表

序号	评价内容	评 价 要 点	分值	自评	导师评价	备注
1	理论知识掌握	对躯干美学设计原理的理解深度	10			
2	美学评估与设计技能	掌握并应用躯干美学评估及设计方法的能力	20			
3	技术应用和操作精确性	在运用相关躯干美学分析与设计的准确性和专业性	30			
4	求美者沟通与需求分析	求美者的躯干美学需求和个性特点分析;适合执行方案的选择等	20			
5	科学精神与问题解决	面对挑战和问题时,是否能求真务实、尊重客观规律,并运用科学方法解决问题	20			
	合 计		100			

延展思考

现代社会中,身体形态常常被视为身份和自我价值的象征。如何通过躯干美学设计有效缓解由社会审美压力带来的体象焦虑,帮助求美者建立健康、积极的身体形象?

(田欣平、曹晨)

任务四　四肢美学分析与设计

1. 了解四肢美学概念、美学影响因素、美学标准及评估设计方法论。
2. 掌握四肢的美学评估及设计能力。
3. 培养审美情感与社会责任感，树立正确的价值观与人文关怀精神。

情景导入

女生小林(图5-4-1)，25岁，是一位才华横溢的平面设计师，对时尚有着敏锐的洞察力。她拥有苗条匀称的身材，身高165 cm，体重50 kg，容貌甜美。然而，每当小林尝试拍摄全身照时，她总感到些许失落。照片中的她似乎与镜子前的自我存在微妙的差异。尤其是在参与社交活动时，与他人合照时，她的四肢显得不够协调，甚至在视觉上看起来比实际身高矮小，这让她感到困扰。小林注意到，无论是站姿还是摄影角度，似乎都无法完美捕捉到她理想中的形象。为了解决这个问题，小林寻求了美学设计师李老师的专业帮助。

图5-4-1　求美者小林

任务分析

在观察身材和体型时，除了头面部特征外，四肢的轮廓和比例也能给人留下深刻的印象。四肢作为形体美学的重要组成部分，在人体整体形象中占据重要地位。四肢与整体的比例是否协调，直接影响着整体的美感。四肢的围径和长度比例的协调性能够赋予人优雅的身形。因此，掌握四肢美学评估及设计方法，可以帮助求美者小林以科学的方式塑造健康美态。

在本任务中，我们将探讨四肢形体塑造的参考标准。通过测量方法，深入了解四肢的结构与比例，掌握四肢美学的标准。这些数据为四肢美学评估和设计方案提供了科学依据。

学习活动一：四肢美学的评估

一、四肢概述

四肢是人体运动系统的核心部分，由骨骼、骨连接以及骨骼肌组成，在人体活动中最为活跃。同时,四肢在形态美学上也存在显著的性别差异,主要体现在皮肤的质地和形态结构上。男性四肢的骨骼和肌肉比较明显,肌肉发达,动作因而显得更为生硬;女性的四肢比例相对较小,皮下脂肪层较为丰满,外形圆润,关节活动范围较大,动作更加灵活(参见四肢美学 AR,请扫二维码和图片)。

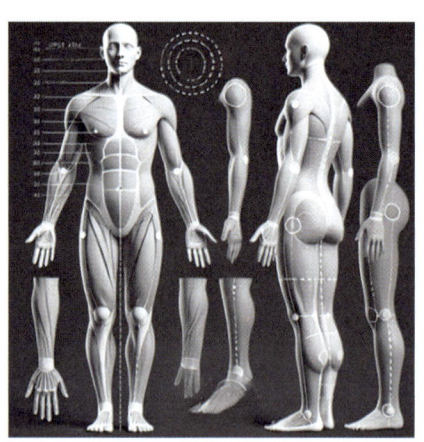

四肢美学 AR

四肢比例指的是四肢各部分长度之间的对比关系,合适的四肢比例是实现人体结构和谐的基础。四肢长度的测量包括上肢和下肢的具体测量项目,其中上肢测量包括:上臂长(肩峰至尺骨鹰嘴)、前臂长(尺骨鹰嘴至腕关节中点)以及手长(腕关节中点至中指尖),下肢测量则包括股部长度(髋关节的股骨大转子至膝部髌骨中点)和小腿长(髌骨中点至足跟)。除了长度,四肢围径的测量也对四肢的比例产生重要影响,围径测量包括臂围和腿围。

二、影响四肢美学的因素

(一)影响四肢美学的因素——骨骼

四肢骨包括上肢骨和下肢骨,分别由与躯干相连接的带骨和游离的自由骨组成。上肢骨纤细且活动度大,不仅完成精细动作和各种劳动,还影响整体身形的和谐与美观。上肢的长度和流畅线条是身体协调性和优雅度的关键。下肢骨则粗壮坚实,主要承担体重并支撑行走、跳跃等活动。从美学角度看,下肢的坚固度塑造力量感,其比例与腰臀腿线的协调直接影响身体美感。合理的四肢比例关系增强视觉平衡,使形象更协调。通过考虑四肢骨的形态、功能和比例,医学与美学的结合帮助我们全面理解和改善人体美。

1. 上肢骨骼结构

上肢部主要由肱骨、桡骨、尺骨以及手骨构成。这些骨骼构造纤细而精致,赋予人体灵活和精细的动作能力。美学上,上肢的线条和形态在视觉艺术中常常被强调,以展现人体的动态美和力量感。例如,在雕塑和绘画中,手臂的姿态和力度往往用来表达情感和动作的强烈特征,如米开朗琪罗的《大卫》展现了青年的力量与美。

关节部分,如肩关节、肘关节和腕关节,不仅是运动的枢纽,也是美学上的重要元素。它们的协调与平衡是体态美的关键,优雅的肩线和流畅的臂弯常常是评价体态美的标准。

2. 下肢骨骼结构

下肢部主要由股骨、髌骨、胫骨、腓骨以及足骨组成，这些结构粗壮坚实，支撑着人体的重量并承担着复杂的运动功能。在美学上，下肢的骨骼构造不仅关系到功能性，也深刻影响着人体的整体比例和美感。例如，长腿在视觉上往往给人以美的感受，是时尚和艺术作品中常见的审美追求。

关节如髋关节、膝关节和踝关节在确保运动自由度的同时，也是塑造美学体型的关键。良好的关节比例和健康的关节线条，能够显著提升个体的动态美和静态美，如芭蕾舞者优雅的腿部线条和力量感的展示就是一个典型例子。

> **知识链接**
>
> 上肢骨包括上肢带骨和自由上肢骨两部分。
>
> 上肢带骨：由肩胛骨和锁骨构成，肩胛骨位于背部上方，锁骨则连接胸骨和肩胛骨，形成肩关节的基础。
>
> 自由上肢骨：包括臂部的肱骨，前臂的桡骨和尺骨以及手部的腕骨、掌骨和指骨。这些骨骼共同支撑上肢的复杂运动功能。
>
> 下肢骨分为下肢带骨和自由下肢骨两部分。
>
> 下肢带骨：由髋骨组成，髋骨与脊柱相连，形成骨盆的主要结构。
>
> 自由下肢骨：包括大腿的股骨、膝部的髌骨、小腿内侧的胫骨、小腿外侧的腓骨以及足部的跗骨、跖骨和趾骨。下肢骨骼为人体提供了强有力的支撑，并允许复杂的步态和站立姿势。

（二）影响四肢美学的因素——肌肉

1. 上肢部肌肉

（1）肩肌：肩肌不仅是力量的象征，也是体态美的重要组成部分。它们的线条和形态能够影响个体的体态和比例感，创造出宽阔和均衡的肩部轮廓。例如，发达的三角肌能够增强肩部的宽度和轮廓，展示出力量与优雅的结合，使得整个上身看起来更为协调和动人。

（2）臂肌：臂肌的线条和形状直接影响手臂的美感。肱二头肌和肱三头肌的发展程度可以显著影响视觉印象，其中肱二头肌的饱满程度常被视为力量的标志，而肱三头肌的轮廓增强了手臂的流畅线条感，为穿着短袖或无袖上衣时提供更加吸引的视觉效果。

（3）前臂肌：前臂的肌肉复杂而精细，其线条和力度的展示是手部动作美学的关键。前臂肌肉的协调运动能够实现精细的手部技巧，如书法、绘画和演奏乐器，都是受高度赞赏的美学活动。良好的前臂肌肉发展不仅有助于日常生活的功能性，还能增强整体美感，尤其是在进行体育或艺术表演时。

（4）手肌：手是人体最细腻的部分之一，手部肌肉的灵活性和力量直接与个体的工作和艺术表现能力关联。手部的肌肉发展和保养可以显著提升手的美感和功能性，优雅的手势和动作在社交和职业场合中非常重要，能够体现一个人的修养和美学感觉。

> **要点提醒**
>
> 四肢美学不仅关注四肢的外观,更注重其与整体形象的协调性。通过诊断评估四肢的线条、肌肤状态以及四肢与躯干的比例关系,可以制定出优化方案。

2. 下肢部肌肉

下肢肌肉的美学和功能紧密相关,可以根据其位置被细分为髋肌、大腿肌、小腿肌和足肌四种,每种肌肉群不仅支撑身体运动的基础功能,也塑造人体的视觉美感。

(1)髋肌:位于髋关节周围的这些肌肉,根据位置可以分为前群和后群。前群的髂腰肌和阔筋膜张肌以及后群的臀大肌、臀中肌和臀小肌等,不仅负责髋关节的外展、外旋、内旋等动作,也是塑造下半身流线型轮廓的关键,维持髋关节稳定的同时也影响着体态的协调与平衡美。

(2)大腿肌:这些环绕股骨的肌群分为前群、后群和内侧群。前群的股四头肌强调了力量与动态美,是跑步和跳跃时的主要动力源泉;内侧群的内收肌群则关系到大腿的内部线条,影响站立与行走时的姿态;后群的股二头肌、半腱肌和半膜肌则为大腿后侧增加力量与深度,赋予腿部雕塑感。

(3)小腿肌:小腿的肌群分布在胫骨和腓骨周围,分为前群、后群和外侧群。前群的肌肉如胫骨前肌,不仅控制足背屈和内翻,也塑造小腿前侧的紧致线条;外侧群的腓骨长肌和短肌则增加了腿部的动感与活力;后群的小腿三头肌及深层肌肉则是站立和行走时的稳定支撑,同时也是雕塑小腿曲线的关键。

三、四肢美学标准

四肢部位集中了全身一半以上的骨骼、肌肉和关节,是人体最活跃的部分,主导着各种运动功能。在人体形态美学中,四肢的美感受到年龄、性别和皮下脂肪等因素的显著影响。对于人体美学设计师而言,精准掌握四肢比例至关重要。在深入了解四肢形态之前,必须首先熟悉其结构的标准比例。

(一)上肢部美学标准

1. 臂的形态美学

臂的长度和围径是其形态美的关键因素。标准的上肢长度通常应接近3个头长,其中上臂长度约为4/3个头长,前臂长度为1个头长,手的长度约为2/3个头长。上臂、前臂和手的长度比例一般为4∶3∶2。通常,上臂的围径约为大腿围径的一半,或等于胸围的18%。前臂的最大围径接近上臂围径,而手腕围径则比足颈围小约5 cm。

臂和前臂通过肘关节连接。伸直肘部时,臂轴与前臂轴的延长线相交,形成一个向外开放的角度,通常为165°~170°,其补角为15°±5°,即提携角。男性的提携角一般在5°~10°,女性通常在10°~15°。提携角在0°~5°时为直肘,小于0°为肘内翻,大于15°为肘外翻。

2. 手的形态美学

手被称为人体的"第二张面孔",不仅是劳动和工作的重要器官,也是表达情感的媒介,最能展现人的气质。手的形态美主要取决于手掌宽度与手长的比例以及手指长度与手长的比例是否协调。手型是指手掌和手指整体外形的特征。根据手型指数(手宽/手长×

100%），手型可分为五类：特窄型、窄型、中型、宽型及特宽型。通常，比例协调的中型手型被认为最美观。

（二）下肢部美学标准

从髋关节的大转子至膝部髌骨中点的距离，与从髌骨中点至足跟的距离大致相等，均约为 2 个头长。

1. 大腿的形态美学

健美的大腿是人体美的重要组成部分之一。大腿部的肌肉、皮下脂肪和皮肤是构成大腿健美的关键要素，其中股四头肌是全身体积最大的肌肉，直接影响大腿的外观。健美的大腿应具有红润、光滑且富有弹性的皮肤。正常情况下，大腿上段的围度应大于下段，男性的大腿通常比女性的粗壮，而女性的大腿脂肪厚度往往大于男性。大腿太粗或太细都会显得不协调。

2. 小腿的形态美学

小腿的形态美不仅取决于自身的美观，还会与大腿互相影响。小腿的美学特征取决于其长度和周径，这些因素主要受肌肉、皮下脂肪和皮肤的影响。其中，小腿三头肌（腓肠肌、比目鱼肌）对小腿外观的影响最大。通常情况下，小腿上部比中部细，而中下部逐渐变细，至踝关节处最为纤细。

根据站立时膝关节的形态，可将腿型分为直形腿、X 形腿和 O 形腿。

直形腿：站立时，两腿内侧相互接触。

X 形腿：站立时，两膝内侧相接触，小腿呈"八"字形分开。

O 形腿：站立时，双足靠拢，膝部分开。

3. 足的形态美学

足部由多块骨骼构成，软组织比较少，足的外形存在显著的性别差异。男性足部宽大厚重，足趾较粗，且第一趾关节和第五趾关节外侧突出明显；女性足部则相对狭小而薄，足趾细长，指端略尖。现代女性尤其在夏季，通过美甲和穿着各种凉鞋来美化双足，使其更具吸引力。足部的审美标准包括以下几个方面：足部发育是否良好，外形是否匀称无畸形，脚趾是否圆润无变形，皮肤光洁度，是否有溃烂、皲裂或厚茧，表面是否光滑细腻且富有弹性，是否无异常气味。整体上，足部应无异味，动作灵活，步态矫健。

足部常见的畸形包括内旋足、外旋足、内翻足、外翻足、马蹄足、仰趾足等，均为病理性异常。

四、四肢美学评估实施方法论

（一）工具测量法

测量方法：四肢围径和长度的测量主要采用直接测量法和间接测量法。

1. 直接测量法

使用皮尺直接测量四肢部位。

2. 间接测量法

在求美者小林同意的情况下，拍摄全身正面和侧面照，使用测量工具对照片进行测量和计算，间接完成四肢比例的测量。

3. 围径测量

上肢部：上臂围径在肩关节与肘关节的中部测量；手腕围径在手腕的最细部位测量。

下肢部：髋围在耻骨前方，平行于臀部最大部位测量；大腿围在大腿上部、臀折线下测量；小腿围在小腿最丰满处测量；足颈围在足颈的最细部位测量。

4. 长度测量

上肢测量：上臂长度为肩峰至尺骨鹰嘴的距离；前臂长度为尺骨鹰嘴至腕关节中点的距离；手长为腕关节中点至中指尖的距离。

下肢测量：股部长度为髋关节股骨大转子至膝部髌骨中点的距离；小腿长度为髌骨中点至足跟的距离。

（二）观察测量法

观察测量法是一种通过视觉评估四肢与整体身形协调性的测量方法。此方法不仅关注四肢的长度和围径，还结合体型、肌肉和骨骼结构，综合评估四肢的美感。

1. 四肢与身形比例评估

上肢：上臂、前臂与手的长度应协调，手部的形态应体现出优雅与适当的修长感，以增强调性与气质。

下肢：下肢长度应显得修长且笔直，大腿与小腿的比例应自然过渡，髋部线条与腿部的曲线需平滑，增强整体的平衡感。

2. 体型与四肢的协调性

肌肉与骨骼：四肢的肌肉与骨骼应适度展现，避免过于发达或突出，以维持整体的和谐美。

性别特征：女性应展现纤细柔和的线条，男性则应突出肌肉的力量感，体现性别特征的美学差异。

3. 动态与静态结合观察

动态观察：通过行走、站立等动作，评估四肢的灵活性与协调性，观察是否存在不协调的步态或姿态。

静态观察：静止状态下，观察四肢的自然线条、肌肉分布与关节角度，评估其是否符合自然美学标准。

● **注意事项**

确保测量的规范性和准确性，严格按照标准执行，同时在测量前征得求美者的同意，尊重其隐私。

任务实施

四肢评估的实施步骤如图5-4-2所示。

1. 实训准备

准备好测量所需的工具，包括观察工具（如镜子、摄影设备）、测量工具（如皮尺、测量软件）以及记录工具（如笔、记录表、计算设备）。

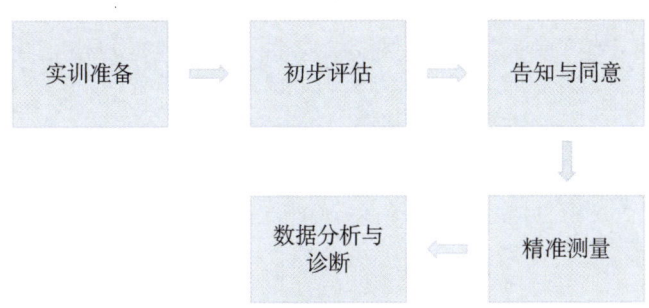

图 5-4-2 四肢美学评估实施步骤

2. 初步评估

美学设计师通过目测,对求美者四肢的围径和长度进行初步评估,判断其与整体身形的协调性。这一步结合前述的观察测量法,确保目测结果为后续精确测量提供参考。

3. 告知与同意

在开始测量前,美学设计师须详细告知求美者接下来的测量步骤,并取得其同意,确保测量过程符合伦理要求。

4. 精准测量

使用皮尺或其他测量工具,分别测量上肢部的上臂围、手腕围,下肢部的髋围、大腿围、小腿围和足颈围。在测量时,遵循之前介绍的标准测量点和方法,确保数据的客观性和准确性。所有测量数据应准确记录在求美者信息表上。

5. 数据分析与诊断

根据测量所得数据,填写求美者信息表,并对数据进行分析。结合之前的标准比例和观察结果,进行初步诊断,确定四肢的长度和围径是否与整体身形协调,并记录相关诊断结果(表5-4-1)。

表 5-4-1 四肢美学评估信息登记表

分类	类目	项目	情况记录
上肢测量	围径测量	上臂围径(肩关节与肘关节中部)	
		手腕围径(最细部位)	
	长度测量	上臂长度(肩峰至尺骨鹰嘴)	
		前臂长度(尺骨鹰嘴至腕关节中点)	
		手长(腕关节中点至中指尖)	
下肢测量	围径测量	髋围(耻骨前方平行臀部最大部位)	
		大腿围径(大腿上部、臀折线下)	
		小腿围径(小腿最丰满处)	
		足颈围径(足颈最细部位)	
	长度测量	股部长度(髋关节股骨大转子至膝部髌骨中点)	
		小腿长度(髌骨中点至足跟)	

(续表)

分类	类目	项目	情况记录
观察评估	四肢比例	上肢与下肢比例	
		四肢与身形比例	
数据分析与诊断	诊断结果	上肢与整体身形协调性	
		下肢与整体身形协调性	

任务评价

综合考察美学设计师在数据收集、测量分析、诊断能力及沟通技巧方面的表现。评价重点是美学设计师能否准确使用测量工具,确保数据的客观性与准确性,同时结合标准比例进行全面分析,评估四肢的协调性与整体身形的契合度。此外,美学设计师需要充分考虑伦理要求,在与求美者沟通时,确保测量步骤透明且获得同意。评价还将关注美学设计师是否能够根据评估结果提出个性化的、科学合理的美学方案,解决求美者的实际需求,同时体现创新性与实用性(表5-4-2)。

表5-4-2 四肢美学评估测评表

序号	评价内容	评价要点	分值	自评	导师评价	备注
1	工具准备、使用及工具整理	测量工具的准备是否规范,使用是否准确,操作是否符合要求	10			
2	初步评估能力	通过目测是否能迅速识别四肢的主要特征和问题,准确判断出改善方向,并合理制定后续的评估步骤	20			
3	测量规范性与精准性	在四肢美学评估过程中是否严格按照规范操作,数据记录是否详尽、准确,确保所有测量数据符合客观标准	25			
4	数据记录与分析	数据记录是否准确、清晰,分析结果是否与预期一致	35			
5	沟通与反馈能力	在四肢美学分析结果后,能否清晰、有效地与求美者沟通,解释测量结果	10			
	合计		100			

延展思考

1. 如何通过四肢美学测量来促进身体健康与美学效果的双重提升?例如,设计师是否可以结合运动习惯、健康评估等数据，提供既能优化外观又有助于提高身体功能的个性化设计方案？

2. 在四肢美学设计中，测量和分析过程是否可能无意中强化社会对"完美"体型的刻板印象？设计师应如何平衡美学标准与文化敏感性，避免加剧求美者对体型的焦虑和不安？

学习活动二：四肢美学的设计

一、设计相关因素的综合考量

（一）文化背景和流行趋势的综合考虑

在进行四肢美学设计时，需要细致考虑不同地区的文化差异，这些差异直接影响美学标准和设计方案的制定。例如，在东亚文化中，常强调四肢的纤细与协调，中国传统审美倾向于赞美修长柔美的身体特征，而日本文化崇尚优雅和精致，强调四肢的细腻和比例美感。相比之下，西方美学更注重四肢的肌肉线条和力量感，古希腊雕塑便体现了力量与美的完美结合。例如，求美者小林作为一个追求时尚的平面设计师，她在选择服装时需要体现这种文化的交融——她倾向于选择既能展示东方美学的纤细线条，又不失西方的现代感的服装，以协调地展示自己的身体比例，并在各种社交场合中自信地呈现自己的形象。这种个性化的需求反映了四肢美学设计中文化差异的细腻考量，也展现了设计方案需兼顾个体和文化特性的重要性。

非洲各地区的文化多样，但许多传统中都重视四肢所展现的健康与活力，这种美学观念常在丰富多彩的舞蹈和仪式中得到体现。南美文化，特别是巴西，强调四肢的动感和节奏，展现出热情与活力之美。中东地区的美学取向则通过服装的剪裁和布料的流动性来展现四肢的优雅与神秘感，而印度文化喜欢借助丰富的色彩、纹样和饰品来突出四肢的美感与装饰性。

> **小提示**
>
> 在设计四肢美学方案时，设计师应综合考虑全球化趋势与各地区独特的文化元素，创造出既符合当代审美又彰显地域特色的设计。这种对文化差异的深刻理解和尊重，能够使设计更具包容性和吸引力，满足不同文化背景求美者的需求，并在全球范围内展示独特的文化魅力与艺术内涵。

（二）个性需求与社会性需求的协调

在四肢美学设计中，理解并平衡个性化需求与社会性需求至关重要。个性化需求通常侧重于展现个人独特的风格和色彩偏好，同时满足特定的功能要求。此外，设计还需要考虑社会性需求，即如何帮助个人在不同的社交环境中自信地展现自己。案例中求美者小林经常参加各种社交活动，因此她的设计方案不仅要在职业场合中显得专业和得体，还要在非正式场合中展现出她的个性与时尚感。例如，在职场中，设计应更为保守且专业，以适应工作的正式性,而在社交场合,可以加入更多的流行元素或独特配饰,以增强她的社交吸引力。

在这个过程中,找到个性化需求与社会性需求之间的平衡是设计成功的关键。一个有效的设计方案,不仅要在视觉上展现个人的风格,还要符合社会环境的审美标准,同时支持她在日常活动和特殊场合中的各种需求。通过这样的设计,小林能够自信地表达自我,无论身处何种环境,都能恰当地与他人互动与交流。

(三) 功能需求与美观需求的平衡

为了在功能与美观这两个领域中实现有效的平衡,美学设计师与专业人士需要紧密合作。他们需要掌握最新的技术进展与流行趋势,同时深入了解求美者的个人喜好与生活方式。例如,设计方案可以结合小林的职业需求与社交安排,选择能够提升四肢形象并满足日常功能的服饰。这种方法确保设计不仅符合审美标准,还提供实用的解决方案,从而在提升个体四肢美感的同时,增强其生活质量与社交互动的效能。

二、四肢美学设计路径

(一) 医学美容方式

适合情况:适用于求美者存在明显的四肢形态缺陷或瑕疵,如局部肥胖或先天性畸形等。对于有局部肥胖问题的求美者,医学美容提供了如吸脂手术这样的解决方案,可以有效改善四肢的线条,提升整体的美观度。此类手术需要在专业医生的指导下进行,以确保效果的持久性和安全性。对于先天性的多指畸形等问题,切除手术是一种常见的矫正方法,但必须在正规医疗机构中进行,以确保手术的安全和效果。

虽然医学美容技术能显著改善四肢比例和美观,但它们也带来一定的风险和可能的副作用。因此,在决定采用这些手段前,求美者应进行全面的健康评估,确保没有严重的疾病史或过敏反应,并咨询专业医生,以获得针对个人情况的专业建议。

(二) 人物形象设计方式

适用场景:此方法适用于求美者希望通过非侵入性手段改善四肢的视觉效果,特别适合那些四肢线条不均或希望在视觉上调整比例的个体。人物形象设计通过专业的形象塑造技巧(如彩妆技术),可以在视觉上优化四肢的轮廓和比例。

这种方法主要涉及通过彩妆来调整四肢的视觉印象。例如,利用高光和阴影技术,可以在视觉上塑造出更加细长或更为均匀的四肢效果。这种视觉调整不仅能够增强个体的自信心,还可以在社交场合中展现更理想的形象。高光可用于突出四肢的特定部位,使其在视觉上更具立体感和吸引力,而阴影用于在视觉上弱化或掩盖不希望突出的区域,从而实现比例的协调。

此外,美甲艺术作为四肢美学设计的重要组成部分,特别在强调手部和足部美感时尤为关键。精心设计的美甲不仅能与整体形象设计相协调,还能进一步提升四肢的整体美感。

这种人物形象设计通常需要由经验丰富的美容师或形象设计师操作,他们通过专业的技术和产品,确保最终效果自然且美观。在选择这些设计方法前,建议求美者进行详细的咨询,了解不同技术的效果和安全性,以确保选择的方式既能满足个人需求,又不会引发不良反应。

(三)服饰搭配设计方式

适用情境:适用于希望通过服饰搭配来优化四肢形态和比例的个体,尤其是在四肢比例不协调或需要视觉上调整四肢长度和宽度的情况下。巧妙的搭配策略,可以有效改变观察者对四肢比例的感知,从而在美学上达到平衡与和谐。

服饰搭配的核心在于利用色彩、图案和款式来影响四肢的视觉效果。例如,穿着垂直条纹的裤子或裙子可以在视觉上延长腿部线条,使四肢看起来更加修长。紧身或合身的衣物搭配可以突出四肢的线条感,增强整体的力量感和动感。此外,通过明暗色调的对比,可以在四肢上创造高光和阴影效果,从而在视觉上调整四肢的形状和大小。

在选择服饰时,材质和款式的选择对于增强四肢的视觉效果也至关重要。例如,选择轻盈流动的面料如真丝或雪纺,搭配上简约的剪裁,能够在运动中增加优雅和轻盈的感觉。同时,通过适当的配饰,如鞋子的选择和袜子的搭配,也可以进一步优化四肢的整体视觉效果。

专业建议:在进行服饰搭配时,建议咨询具有丰富经验的造型师或形象顾问。他们能够根据个体的体型特点、色彩偏好以及场合需求,提供个性化的搭配建议。一个成功的服饰搭配不仅应展现个体的美学风格,还需确保整体造型的舒适性和实用性,从而提升个体的自信心和社交表现力。

四肢美学设计实施步骤如图5-4-3所示。实施步骤需要通过科学合理的方法,达到理想的四肢美学效果(表5-4-3)。

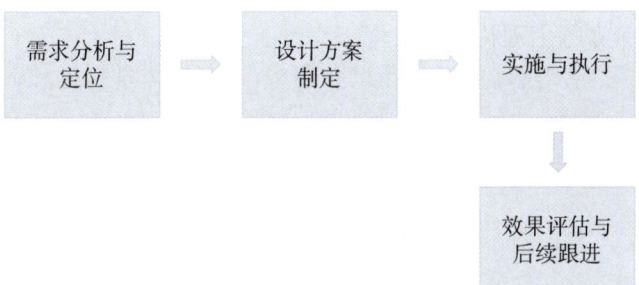

图 5-4-3 四肢美学设计实施步骤

表 5-4-3 四肢美学设计方案登记表

分类	项目	详细内容	情况记录
需求分析与定位	初步评估	四肢形态比例	
		皮肤质地	
		肌肉分布	
	需求分析	求美者的美学目标	
		特殊改善意图	
	健康检查	健康评估结果	

(续表)

分类	项目	详细内容	情况记录
设计方案制定	个性化设计方案	定制化四肢美学设计方案	
		涉及的医学美容技术	
		服饰搭配策略	
	文化与社会因素考虑	文化背景	
		社交环境及需求	
	预期效果展示	3D建模/虚拟现实展示	
实施与执行	治疗与设计实施	医疗美容程序执行	
		形象设计及服饰搭配	
	持续监控与调整	实施过程中效果监控	
		实时调整情况	
	后续护理指导	后续护理方案	
效果评估与跟进	效果评估	最终效果评估	
	满意度调查	结构化满意度调查反馈	
	定期跟进与维护	长期效果跟进	

1. 需求分析与定位

初步评估：与求美者进行面对面的专业咨询，详细评估其四肢的当前状况，包括形态比例、皮肤质地、肌肉分布等生理特征。

需求分析：深入了解求美者的具体需求和期望，明确其美学目标和偏好，包括任何特殊的改善意图。

健康检查：进行全面的健康评估，确保求美者适合所计划的美容程序，排除可能影响治疗效果的健康隐患。

2. 设计方案制定

个性化设计方案：基于求美者的生理特征和美学需求，制定定制化的四肢美学设计方案。方案可能涵盖医学美容技术、形象设计原则及服饰搭配策略，以确保多层次的美学优化。

文化与社会因素考虑：综合考虑求美者的文化背景和社交环境，选择适合其生活方式和社交需求的设计方案，确保设计在审美和功能上均能融入其日常生活。

预期效果展示：利用先进的数字化美学工具（如3D建模、虚拟现实展示等）向求美者展示设计后的预期效果，确保其充分理解设计理念，并确认满意度。

3. 实施与执行

治疗与设计实施：根据制定的方案，安排必要的治疗或设计实施。对于医学美容程序，需要在资质齐全的医疗机构中，由经验丰富的专业医生进行操作。对于形象设计和服饰搭配部分，则由资深形象美学设计师或造型师执行。

持续监控与调整：在实施过程中对效果进行持续监控，必要时进行实时调整，以确保达到最佳效果并减少潜在风险。

后续护理指导:提供详细的后续护理方案和建议,帮助求美者维持和延长美容效果,同时预防可能的并发症。

4. 效果评估与后续跟进

效果评估:在所有设计和治疗完成后,进行全面的效果评估,与求美者共同审视最终结果,确保达成预期的美学目标。

满意度调查:通过结构化的满意度调查获取求美者的反馈,评估其对整个设计流程和结果的满意度,并为未来改进提供依据。

定期跟进与维护:安排长期的定期跟进,监测设计效果的持续性,并根据需要进行维护或进一步优化,以确保长期的美学效果。

任务评价旨在全面衡量美学设计师的综合能力,特别是对理论理解和实际应用的平衡能力。评价重点不仅仅是美学设计师是否能够创新性地制定设计方案,并精准实施,还要考察其在解决实际美学问题时的应变能力与灵活性。此外,评价还应关注美学设计师在项目管理、团队协作和求美者沟通方面的表现,确保他们能够有效地协调和组织资源,与团队成员以及求美者进行良好沟通,提供切合需求的个性化美学设计方案(表5-4-4)。

表5-4-4 四肢美学设计测评表

序号	评价内容	评价要点	分值	自评	导师评价	备注
1	理论知识掌握	对四肢部比例和基本构成原理的理解深度	10			
2	美学评估与设计技能	掌握并应用四肢美学评估及设计方法的能力,包括创新性和适应性	20			
3	技术应用和操作精确性	在运用相关四肢美学分析与设计的准确性和专业性	20			
4	求美者沟通与需求分析	理解和转化求美者需求为实际操作方案的能力	20			
5	科学精神与问题解决	面对挑战和问题时,是否能求真务实、尊重客观规律,并运用科学方法解决问题	20			
6	成果展示与效果评估	在实施方案后,对成果的展示能力以及进行自我和求美者反馈评估的处理能力	5			
7	团队协作与项目管理能力	检验学习者在团队环境中展现的协作精神和管理整个项目的能力	5			
	合计		100			

 **延展思考**

　　四肢美学设计是否有可能被滥用,导致不必要的身体矫正?设计师如何通过人文关怀与伦理思考,确保美学设计是为求美者提供更好生活质量,而非盲目追求流行趋势或社会审美压力?

（田欣平、曹晨）

模块三

多元职业情境的应用

单元六　医美咨询岗位的应用

本单元旨在探讨人体美学分析与设计技能在医美行业各岗位中的应用，重点解析医美现场咨询岗位、医美医生助理岗位和医美新媒体咨询岗位的职能与职责。通过案例学习，结合理论与实践，培养学员的专业素养与实际操作能力。核心目标是提升美学设计师在美业中的美学分析与设计能力，优化求美者需求分析、个性化美学方案制定及高效沟通技巧，从而提高服务质量与专业水平。该单元对于美学设计师全面掌握医美行业的关键技能和提升职业竞争力具有重要意义。

	医美现场咨询岗位	医美现场咨询岗位的职能定位 医美现场咨询岗位的主要职责
医美咨询岗位的应用	医美医生助理岗位	医美医生助理岗位的职能定位 医美现场咨询师岗位的主要职责
	医美新媒体咨询岗位	医美新媒体咨询岗位的职能定位 医美新媒体咨询岗位的主要职责

医美咨询岗位的应用

1. 了解美学设计师在现场咨询岗位、医生助理岗位以及新媒体咨询岗位的应用要求。
2. 具备运用人体美学分析与设计的能力,提升求美者满意度和医学美学设计服务质量。
3. 树立正确的价值观和职业道德,积极传递健康、美丽与自信的价值观念。

岗位一:医美现场咨询岗位

6-1 现场咨询

一、医美现场咨询岗位的职能定位

美学设计师在医美现场咨询岗位中扮演着至关重要的角色,直接面对求美者,提供专业的美容咨询和个性化的美学方案设计。这一岗位要求美学设计师不仅需要具备深厚的医学美容知识,如了解各种美容手术和非手术治疗的原理与方法,还应熟悉最新的美容技术和市场趋势。此外,美学设计师必须能够进行详尽地求美者需求分析,包括面部结构、肤质评估及美学偏好,以确保提供的方案既科学又高度个性化。

医美现场咨询岗位的职能定位是多元且关键的。他们不仅是专业的美学顾问,也是求美者关系的维护者、信息的传递者和机构形象的代表。其在人体美学分析与设计能力的应用,直接影响着医疗美容服务的质量和求美者的满意度,是机构发展中不可或缺的重要力量。以下是美学设计师(医美现场咨询岗位)的具体角色定位。

(一)专业顾问角色

美学设计师(医美现场咨询岗位)需要具备丰富的医疗美容知识和对人体美学的深刻理解。他们能够根据求美者的个体特征、需求和期望,运用人体美学分析与设计的原理,提供专业的美容方案建议。通过对求美者面部和身体特征的美学评估,帮助求美者选择最适合的项目,达到理想的美学效果。

(二)求美者关系管理者

他们负责与求美者建立并维护良好的关系。通过真诚的沟通和细致的服务,了解求美者的心理需求和潜在顾虑。运用人体美学分析的能力,深入挖掘求美者的美学期望,提升求美者的信任度和满意度。这种良好的关系不仅有助于项目的成交,更有利于培养求美者的忠诚度。

(三) 信息传递者

作为求美者与医疗团队之间的纽带,美学设计师(医美现场咨询岗位)需要准确地将求美者的需求和想法传达给医生,同时将医生的专业意见和建议反馈给求美者。他们利用人体美学设计的知识,帮助求美者理解医疗方案的美学价值,确保求美者与医生之间的信息交流顺畅,促进美学设计理念的有效实施。

(四) 营销推广者

他们在一定程度上承担着机构的营销职责。通过对医疗美容市场的了解和对机构项目的熟悉,结合人体美学分析与设计的趋势,向求美者推广最新的美容技术和项目。通过展示专业的美学设计能力,提升机构的市场竞争力和品牌形象。

(五) 风险评估者

在咨询过程中,美学设计师(医美现场咨询岗位)需要对求美者的身体状况和心理状态进行初步评估,识别潜在的风险因素,确保求美者适合接受相应的美容项目。他们运用人体美学分析的技能,评估求美者的美学需求与实际条件的匹配度,保障医疗安全和效果。

二、医美现场咨询岗位的主要职责

美学设计师(医美现场咨询岗位)在医美行业中担任重要的桥梁作用,直接影响求美者的咨询体验与服务满意度,其主要职责包括以下几方面。

(一) 求美者接待与需求分析

负责接待来访求美者,建立信任关系,确保求美者在舒适的环境中进行咨询。

深入了解求美者的个人需求、期望及健康状况,进行初步的美学分析,为后续的服务提供数据支持。

结合人体美学分析,评估求美者的体型、面部特征等,挖掘求美者的潜在美学需求,为个性化方案制定打下基础。

(二) 方案推荐与讲解

根据求美者的需求,结合人体美学分析与设计原则,向求美者提供个性化的医美方案建议。

利用人体美学设计的基本原理,针对求美者的面部比例、对称性、形态特征等进行详细讲解,确保求美者理解所设计方案的科学依据和美学价值。

清晰地向求美者解释方案的细节,包括手术方法、效果预期、可能的风险及术后恢复情况,确保求美者充分理解每个环节。

(三) 求美者决策支持

引导求美者在多种治疗方案中进行选择,帮助求美者权衡各方案的利弊,做出最适合自身情况的决策。

通过人体美学分析图示、模拟设计等工具,帮助求美者直观理解方案的预期效果,增强求美者的决策信心。

回答求美者提出的疑问,减轻其焦虑与不安感,为求美者提供专业的咨询支持。

(四)术后跟踪与求美者关怀

负责跟进术后的恢复情况,及时解答求美者的术后疑问,并根据恢复情况提供专业建议。

根据人体美学的设计理念,跟踪求美者术后的变化情况,帮助求美者逐步适应术后形象,并提供相应的修正建议。

注重求美者的术后心理关怀,结合美学设计的健康人文价值,建立长期的求美者关系,提升求美者的整体体验与满意度。

(五)业务拓展与求美者管理

积极参与医院的营销推广活动,向求美者介绍最新的医美项目和技术。

结合人体美学分析的专业知识,为潜在求美者提供基础的美学咨询,吸引目标求美者群体。

建立并管理求美者档案,确保信息的完整与准确,为求美者的后续服务提供保障,持续关注求美者的美学需求变化。

延展练习

一、案例背景

求美者孙阿姨,46岁,女性,希望改善面部轮廓衰老性问题,同时对医美手术的安全性有所担忧。她希望通过美学设计找到一个既安全又有效的解决方案。

二、任务要求

运用人体美学分析与设计的能力,为求美者孙阿姨设计一个个性化的医美方案,包括推荐的项目、预期效果、可能的风险及术后恢复情况。

在方案设计中,充分考虑求美者孙阿姨的心理需求和安全顾虑,展示如何通过沟通技巧和专业能力提升她的信任度和满意度。

结合职业道德规范,确保方案设计符合专业和负责任的原则,同时传递健康、美丽与自信的价值观念。

三、提交内容

提交一份详细的医美美学设计方案报告,包括方案内容、美学依据、沟通策略和职业道德考量。

提交一份模拟咨询对话记录,展示与求美者的沟通过程和如何处理她的顾虑。

岗位二：医美医生助理岗位

相关知识

一、医美医生助理岗位的职能定位

医美医生助理岗位的职能定位是多维度的，涵盖了临床支持、求美者沟通、质量管理、信息管理、团队协作和专业发展等方面。他们在医疗美容机构中起到承上启下的作用，特别是在人体美学分析与设计能力的应用上，是保障医疗服务高质量运作和实现最佳美学效果的重要角色。

作为连接医生、求美者和医疗团队的纽带，医美医生助理岗位的职能定位主要体现在以下几个方面，尤其是在人体美学分析与设计能力的体现上。

（一）临床服务支持者

美学设计师（医美医生助理岗位）是医美医生的重要辅助力量，协助完成各类医疗美容项目的实施。他们需要具备扎实的医学基础知识和操作技能以及对人体美学的深刻理解。能够在手术和治疗过程中，结合人体美学分析与设计的原理，提供有效的支持，确保医疗程序的安全、高效，并达到最佳的美学效果。

（二）求美者沟通者

他们负责与求美者进行深入的沟通，了解求美者的需求、期望和疑虑。通过专业的解释和人性化的关怀，帮助求美者建立信心，提升服务体验。在此过程中，美学设计师（医美医生助理岗位）需运用人体美学分析与设计的知识，为求美者提供专业的美学建议，协助制定个性化的美学方案。

（三）医学美学服务质量促进者

美学设计师（医美医生助理岗位）在医学美学服务质量控制中发挥着重要作用。他们需严格遵守医学美学规范和操作流程、风险管理等措施。同时，通过对人体美学的理解，确保每一项美学服务不仅安全有效，还符合美学标准，提高服务质量。

（四）信息与资源管理者

他们负责管理求美者的医疗信息和相关文档，确保数据的准确性和保密性。在记录求美者信息时，需要详细记录求美者的美学需求、设计方案和术后反馈，为后续的美学分析与改进提供依据。

（五）团队协作者

作为医疗团队的一员，医美医生助理需要协调各部门的工作，促进团队内部的沟通与协作。他们在安排医生日程、协调手术安排等方面起到关键作用，确保医疗服务流程的顺畅。同时，协助医生和美学设计师（医美现场咨询岗位）之间的信息交流，确保美学设计理念在临床中的准确实施。

二、医美现场咨询师岗位的主要职责

美学设计师(医美医生助理岗位)在医美行业中担任重要的桥梁作用,直接影响求美者的咨询体验与服务满意度,其主要职责包括以下几方面。

(一)求美者接待与需求分析

负责接待来访求美者,建立信任关系,确保求美者在舒适的环境中进行咨询。

深入了解求美者的个人需求、期望及健康状况,进行初步的美学分析,为后续的服务提供数据支持。

结合人体美学分析,评估求美者的体型、面部特征等,挖掘求美者的潜在美学需求,为个性化方案制定打下基础。

(二)方案推荐与讲解

根据求美者的需求,结合人体美学分析与设计原则,向求美者提供个性化的医美方案建议。

利用人体美学设计的基本原理,针对求美者的面部比例、对称性、形态特征等进行详细讲解,确保求美者理解所设计方案的科学依据和美学价值。

清晰地向求美者解释方案的细节,包括手术方法、效果预期、可能的风险及术后恢复情况,确保求美者充分理解每个环节。

(三)求美者决策支持

引导求美者在多种治疗方案中进行选择,帮助求美者权衡各方案的利弊,做出最适合自身情况的决策。

通过人体美学分析图示、模拟设计等工具,帮助求美者直观理解方案的预期效果,增强求美者的决策信心。

回答求美者提出的疑问,减轻其焦虑与不安感,为求美者提供专业的咨询支持。

(四)术后跟踪与求美者关怀

负责跟进术后的恢复情况,及时解答求美者的术后疑问,并根据恢复情况提供专业建议。

根据人体美学的设计理念,跟踪求美者术后的变化情况,帮助求美者逐步适应术后形象,并提供相应的修正建议。

注重求美者的术后心理关怀,结合美学设计的健康人文价值,建立长期的求美者关系,提升求美者的整体体验与满意度。

(五)业务拓展与求美者档案管理

积极参与企业的营销推广活动,向求美者介绍最新的医美项目和技术。

结合人体美学分析的专业知识,为潜在求美者提供基础的美学咨询,吸引目标求美者群体。

建立并管理求美者档案,确保信息的完整与准确,为求美者的后续服务提供保障,持续关注求美者的美学需求变化。

一、案例背景

求美者王女士(31岁,身高165 cm,体重68 kg)希望通过医美手段优化全身曲线,特别是腹部和大腿部位,希望在保持自然体态的基础上塑造更加均衡、协调的体型。医生为其制定了脂肪抽吸和激光溶脂相结合的治疗方案,同时建议术后配合塑形管理以提升效果。

二、任务要求

作为美学设计师(医美医生助理岗位),你需要与求美者进行术前沟通,详细了解她的需求、期望以及她对身体曲线优化的美学目标。同时,需要结合人体美学原理,为医生提供分析建议,协助制定治疗方案。

三、相关问题

(1) 如何通过专业的沟通技巧了解王女士的真实需求?
(2) 根据人体美学设计原则,分析王女士身体的曲线问题,提出改善建议。
(3) 参考黄金比例和上下身比例分析。
(4) 重点关注腹部和大腿的美学改进方案。
(5) 提出术前护理建议(如生活习惯、饮食调整)以协助求美者优化术前状态。

岗位三:医美新媒体咨询岗位

一、医美新媒体咨询岗位的职能定位

医美新媒体咨询岗位在医美机构中作为数字沟通的桥梁,通过线上渠道建立求美者信任,解答医美项目的常见问题,并为求美者提供初步的美学指导。美学设计师(医美新媒体咨询岗位)须具备丰富的医美项目知识和人体美学分析的基础能力,以帮助求美者了解适合的项目和设计方向,同时让求美者在接触初期就感受到专业与细致。新媒体咨询岗位承担着求美者引导与信息传递的多重角色,是提升求美者满意度和增强品牌信任的关键环节。

(一) 咨询指导者

美学设计师(医美新媒体咨询岗位)在解答求美者疑问时,结合人体美学分析能力,为求美者提供适合的美学咨询和初步项目指导。他们帮助求美者了解项目的特点与适用性,基于求美者的个体化需求提供科学合理的美学分析建议,为后续的个性化美学设计打下基础。

(二) 关系建立者

美学设计师(医美新媒体咨询岗位)通过数字平台与求美者建立初步的信任关系,了解求美者的美学倾向和独特需求。在建立联系的过程中,美学设计师(医美新媒体咨询岗位)通过倾听和反馈提升求美者体验,结合对人体美学的初步分析帮助求美者确定潜在需求,从而让求美者感受到机构的专业和关怀。

(三)信息桥梁

美学设计师(医美新媒体咨询岗位)作为医美团队与求美者间的信息桥梁,将求美者需求与医生的设计思路有效传达,并反馈医生的美学见解。美学设计师(医美新媒体咨询岗位)在信息传递中运用人体美学知识,将复杂的医学信息转化为求美者易于理解的美学价值,确保沟通顺畅,促进求美者对医美设计的理解。

(四)品牌推广者

美学设计师(医美新媒体咨询岗位)不仅是品牌形象的传播者,还通过展现对人体美学设计趋势的了解,提升机构在美学领域的权威感。求美者在沟通中展示项目的专业美学价值,帮助求美者认识最新技术的应用效果,从而增强品牌的市场竞争力与吸引力。

(五)需求评估者

美学设计师(医美新媒体咨询岗位)在分析求美者需求时,结合人体美学分析方法评估求美者的美学期望是否合理,并识别潜在的风险。求美者对不适宜的需求提供专业建议,引导求美者理解项目与自身美学条件的匹配度,帮助求美者做出符合人体美学原则的选择。

二、医美新媒体咨询岗位的主要职责

医美新媒体咨询岗位在医美机构中承担着求美者初次接触与咨询的关键环节。通过网络咨询,美学设计师(医美新媒体咨询岗位)不仅提供美学项目的专业信息,还通过真诚沟通与美学指导来增强求美者的信任感,为后续的深度咨询和项目推荐奠定基础。以下为该岗位的核心职责。

(一)网络咨询问候

在求美者首次联系时,美学设计师(医美新媒体咨询岗位)主动使用礼貌、温馨的问候语,拉近与求美者的距离,迅速营造轻松且专业的沟通氛围。适当依据当下的时间、季节或节日调整问候方式,让求美者感受到尊重和温暖。

(二)专业身份与机构介绍

在互动初期,美学设计师(医美新媒体咨询岗位)简要介绍自身角色及医美机构的专业背景,包括机构的资质、技术特点、设备先进性和服务优势,帮助求美者形成对机构专业能力的基本认识,为后续沟通奠定信任基础。

(三)求美者信息采集

在深入沟通之前,美学设计师(医美新媒体咨询岗位)收集求美者的基础信息,如姓名、联系方式和年龄等。结合求美者的初步需求和个人特点,记录其个性化美学需求,以便后续能够提供更符合求美者期望的咨询服务。

(四)美学需求互动问诊

美学设计师(医美新媒体咨询岗位)通过对话深入了解求美者的美学困扰和期待,逐步挖掘求美者的个人偏好与独特需求。基于人体美学分析的知识框架,为求美者初步评估适合的美学方向,并引导求美者理性看待项目的实际效果和适用性。

(五) 建立初步联系

在互动过程中,通过亲和而专业的沟通,让求美者对机构和顾问的专业能力形成信任,增强求美者参与沟通的意愿,并为后续咨询建立稳定的联络基础。

延展练习

一、案例背景

求美者通过医美平台的美学设计师(医美新媒体咨询岗位)后台咨询,提出自己对面部轮廓优化的兴趣,特别关注如何通过注射填充改善面部凹陷,或者通过下颌角塑形让整体面部更加立体。她希望得到一个量身定制的方案,并询问是否适合自己。

二、练习任务

(一) 练习1:初次沟通技巧

问题1:在求美者咨询时,如何用简洁而专业的语言回应第一句话,以便建立信任关系并引导进一步交流?(提示:考虑如何表达关心求美者需求,并表现出你对她问题的理解。)

问题2:针对求美者希望通过注射填充或下颌角塑形改善面部轮廓的需求,你如何有效地询问求美者的面部特点(如面部凹陷、轮廓不清晰等)?简要列举你可以提问的问题。(提示:可以围绕求美者面部的具体问题提出问题,并为后续推荐方案做准备。)

(二) 练习2:方案推荐

问题3:根据人体美学黄金比例和面部比例原则,如何建议求美者选择合适的治疗方案?简述黄金比例在面部美学设计中的应用,并根据求美者的需求推荐一至两种治疗方式。(提示:考虑如何平衡求美者的美学需求和实际情况,给出合理的治疗建议。)

问题4:对于下巴、颧骨、额头等部位,哪些治疗方法能优化轮廓?简要列举每种方法的优缺点,并解释它们对面部轮廓的影响。(提示:结合具体治疗手段,如注射填充、下颌角塑形等,并从效果和安全性角度进行分析。)

(三) 练习3:个性化建议

问题5:根据求美者的面部特点(假设顾客的下巴后缩,颧骨较宽,额头较平),你如何建议适合的注射填充量或下颌角塑形程度?请为求美者定制一个大致的治疗方案,并解释你的建议依据。(提示:结合人体美学比例,量化填充量或塑形的程度,以确保面部轮廓的和谐性。)

问题6:如何通过面部美学比例帮助求美者理解她的治疗目标?在与求美者沟通时,你如何增强她对治疗效果的信心?(提示:可以提及具体的美学标准,如下巴与脸部比例、面部对称性等,来帮助求美者形成明确的目标感。)

(四) 练习4:术后预期与注意事项

问题7:术后效果一般会在多久后显现?如何通过术后护理和定期复查帮助求美者保持

最佳效果?(提示:考虑到不同治疗方式的恢复期,给出合理的术后护理建议。)

问题8:针对术后常见的恢复问题(如肿胀、淤血、感知异常等),你会如何解答求美者的疑问并提供安抚建议?(提示:参考真实术后恢复期可能出现的问题,并提供科学有效的术后护理建议。)

(鲍海萍、杨加峰、宋佩杉)

单元七　人物形象设计岗位的应用

　　本单元探讨人体美学分析与设计技能在人物形象设计相关岗位的实际应用,通过案例学习,将理论与实践相结合,培养美学设计师在相关岗位中必备的专业素养与实践技能。本单元系统解析美学设计师的岗位职责与工作流程,重点讲解如何通过人体美学分析与设计技能提升美学服务质量与专业水平。

　　教学内容将涵盖求美者需求识别、个性化方案制定及高效沟通技巧,帮助美学设计师在面部轮廓、肤色、发型等方面深入分析求美者特征,为其提供科学的美学定位建议。求美者将掌握定制化设计方案的策划与展示方法,使方案更具个性化与实用性,同时增强求美者的理解与认同。此外,学习将强化职业素养和服务意识的培养,使美学设计师在沟通与服务中展现专业水准,建立良好的信任关系。

人物形象设计岗位的应用	影楼化妆造型岗位	影楼化妆造型岗位的职能定位 影楼化妆造型岗位的主要职责
	婚纱影楼服饰搭配岗位	婚纱影楼服饰搭配岗位的职能定位 婚纱影楼服饰搭配岗位的主要职责
	影楼形象咨询岗位	影楼形象咨询岗位的职能定位 影楼形象咨询岗位的主要职责

人物形象设计岗位的应用

1. 了解美学设计师在影楼化妆造型岗位、婚纱影楼服饰搭配岗位以及影楼形象咨询岗位的应用要求。
2. 具备运用人体美学分析与设计的能力,提升求美者满意度和人物形象设计服务质量。
3. 培养在服务中秉承工匠精神,追求精益求精的专业态度,增强责任意识与服务意识。

岗位一:影楼化妆造型岗位

一、影楼化妆造型岗位的职能定位

美学设计师(影楼化妆造型岗位)在时尚与美容行业中担任关键角色,他们不仅是造型设计的执行者,也是美学创意的引领者和求美者需求的理解者。他们的工作涵盖从概念设计到实际应用的全过程,通过专业的美学判断和技术能力,为求美者提供量身定制的形象改造服务。以下是美学设计师(影楼化妆造型岗位)的具体角色定位。

(一) 美学创意引领者

美学设计师(影楼化妆造型岗位)必须对时尚和美学有深入的理解和敏感的洞察力,通过持续跟踪最新的时尚趋势和技术,设计适应当前潮流的造型方案。作为创意的引领者,美学设计师(影楼化妆造型岗位)需要将复杂的美学理念转化为具体可行的设计方案,确保设计既具有艺术性也符合实用性。

(二) 求美者需求的专业解读者

美学设计师(影楼化妆造型岗位)在设计前需要通过与求美者的深入交流了解其具体需求,包括生活背景、个人喜好、场合要求等。这要求美学设计师(影楼化妆造型岗位)具备出色的沟通技巧和敏锐的观察力,能够准确解读求美者的非言语信息,从而设计出真正符合求美者身份和个性的婚纱造型。

(三) 技术与艺术的实践者

美学设计师(影楼化妆造型岗位)在将设计理念具体化的过程中,需要精通各种技术,包

括但不限于发型设计、化妆技巧以及配饰搭配等。他们通过这些技术手段实现美学设计的艺术表达,同时也要确保每一个细节都达到最高的执行标准。

(四)求美者体验的塑造者

在整个服务过程中,美学设计师(影楼化妆造型岗位)不仅要关注造型的最终效果,更要注重求美者的体验过程。他们通过提供专业的建议、贴心的服务和不断地沟通,确保求美者在整个造型过程中感到舒适和满意。

二、影楼化妆造型岗位的主要职责

美学设计师(影楼化妆造型岗位)在时尚与美容行业中履行多项职责,从求美者沟通到造型执行,他们确保每一个细节都符合高标准的美学要求。以下是美学设计师(影楼化妆造型岗位)的主要职责。

(一)求美者需求分析

美学设计师(影楼化妆造型岗位)的工作从深入了解求美者的需求开始,包括对求美者的生活方式、职业背景、个人喜好和期望造型的场合进行全面分析。美学设计师(影楼化妆造型岗位)需通过有效的沟通技巧收集这些信息,确保后续的设计方案能精确反映求美者的个性和需求。

(二)设计个性化造型方案

基于求美者的需求和特点,美学设计师(影楼化妆造型岗位)负责制定个性化的造型方案,涉及选择合适发型和化妆,以创造和谐且引人注目的整体外观。美学设计师(影楼化妆造型岗位)需要有能力将求美者的内在品质和外在形象有效结合,通过造型展现求美者的独特魅力。

(三)实施造型设计

美学设计师(影楼化妆造型岗位)负责实际操作实施所设计的造型,包括发型的打造和化妆的应用。在实施过程中,造型师必须精确处理每一个细节,确保最终效果符合预期,同时对求美者进行适当的指导,帮助他们在各种社交场合中自信地展现自己。

(四)监控造型效果与调整

在特定活动或拍摄过程中,美学设计师(影楼化妆造型岗位)须监控造型的实际效果,并根据需要进行即时调整。这可能包括更换配饰、修正妆容或调整服装的款式和贴合度,以保证在任何时刻求美者的形象都处于最佳状态。

延展练习

一、任务描述

在完成以上案例分析后,学员需要根据需求,为求美者设计一份完整的婚纱造型与服饰搭配方案。

二、具体要求

(1)造型方案:婚纱款式(A字裙、鱼尾裙等)及主要特点说明。头纱、发型、化妆风格的初步设计思路。

（2）配饰方案：与婚纱相呼应的头饰、首饰、鞋履、手捧花等搭配。颜色、材质、整体风格的匹配度说明。

（3）人体美学原理：针对求美者体型、肤色、脸型提出的修饰重点（如通过配饰或妆容修饰脸型、通过婚纱线条修饰腰部等）。

三、服务细节

在试穿过程中给予专业、贴心的指导（试穿顺序、动作示范、舒适度调整等）。

造型调整与现场突发情况的应对预案（如临时更换饰品、补妆）。

岗位二：婚纱影楼服饰搭配岗位

7-2 婚纱影楼服饰搭配

一、婚纱影楼服饰搭配岗位的职能定位

从美学设计师（婚纱影楼服饰搭配岗位）角色的角度来看，可以定位为一位兼具时尚触觉和贴心服务的"婚礼形象设计师"。以下是美学设计师（婚纱影楼服饰搭配岗位）的具体角色定位。

（一）形象分析师

从美学设计师（婚纱影楼服饰搭配岗位）具备敏锐的审美眼光和形象评估能力。在初步沟通后，会仔细分析求美者的容貌特征、身材比例和个人风格，为求美者勾勒出最适合的婚纱造型方向。

（二）婚纱造型顾问

走入婚纱展示区，美学设计师（婚纱影楼服饰搭配岗位）引导求美者挑选适合的婚纱，细致讲解不同款式的特点与适用场景。在试穿过程中，她细心调整每个细节，确保婚纱的轮廓与细节达到最佳效果，帮助求美者展现最完美的自己。这一角色更像是一位"婚纱造型顾问"，用心指导求美者穿出婚纱的美感。

（三）搭配策划师

在配饰选择中，美学设计师（婚纱影楼服饰搭配岗位）展现出她的搭配功力，为求美者挑选合适的头纱、首饰等细节配件，使整个造型和谐统一。她在这个阶段是一位"搭配策划师"，精心策划每一件配饰如何衬托婚纱，提升求美者的整体造型。

（四）温暖的陪伴者

在镜前展示和细节确认的环节，美学设计师（婚纱影楼服饰搭配岗位）始终陪伴在求美者身边，不仅协助她从细节上做到完美，还从心理上给予支持和信心。这一角色仿佛是一位温暖的陪伴者，以贴心服务让求美者感到安心和自信。

（五）整体角色定位

美学设计师（婚纱影楼服饰搭配岗位）通过专业的分析、细致的搭配和真挚的陪伴，将每一位求美者的美梦变为现实，帮助她们在婚礼当天呈现最完美的自己。同时，美学设计师

（婚纱影楼服饰搭配岗位）也以温暖的陪伴和高度的专业，塑造影楼品牌形象，将美和服务深深留在每一位求美者的心中。

二、婚纱影楼服饰搭配岗位的主要职责

其主要职责包括以下几方面。

（一）求美者需求分析与沟通

与求美者进行初步沟通，细心聆听并解读其对婚礼风格、婚纱类型的期待和需求；通过亲切、专业的沟通建立初步信任关系，为后续服务奠定基础。

（二）形象评估与风格建议

根据求美者的容貌、体型、肤色等特征，提供个性化的形象分析；结合求美者的风格偏好和婚礼主题，推荐合适的婚纱造型方案，确保婚纱与求美者特质完美契合。

（三）婚纱选择与试穿指导

引导求美者在展示区挑选适合的婚纱，并向其介绍不同款式的特点与适用场景；协助求美者试穿婚纱，调整细节，使婚纱的轮廓与细节符合求美者的期望，确保穿着效果最佳。

（四）配饰搭配与造型细节优化

结合婚纱和求美者整体风格，为求美者搭配合适的头纱、首饰、鞋履等配饰，确保造型和谐美观；关注每个细节，确保所有配饰的颜色、材质与婚纱整体风格协调，提升整体造型的层次感。

延展练习

一、任务描述

在不同主题、不同环境或不同拍摄需求下为求美者提供更具个性化和风格差异化的服饰搭配方案。

二、具体要求

（一）场景与主题再延展

在原有婚纱风格或主题的基础上，重新梳理两种新的拍摄场景（如海边沙滩、复古城堡、草坪婚礼、夜景街拍等）。

针对这两种场景，分别设计至少2套不同风格的服饰搭配方案，突出造型的主题感和与环境的融合度。

（二）细节部位深度挖掘

配饰细节：除了基础头纱和首饰外，尝试增加腰带、披肩、发饰、手套等可拓展的配饰，增强搭配层次。

面料与质感：适当考虑婚纱或礼服的材质（缎面、蕾丝、薄纱等），说明不同材质在不同光线、环境下呈现的效果差异。

(三) 个性化需求与贴心服务

针对求美者的个人需求(如身材、肤色、喜好、个性、预算等),突出本次方案如何体现更高的专属感与差异化。

在试穿与拍摄准备环节,提出最能打动或关怀求美者的细节方案,如何帮求美者进行肢体修饰引导、如何在拍摄现场快速进行补妆或配饰替换等。

三、服务细节

列出各套方案在执行过程中的要点清单(如服装材质保养、配饰保管、替换顺序、光线环境要求等),确保操作时不会遗漏关键环节。

充分考虑拍摄现场的时间、空间、交通或天气变化等因素,给出简要的备选应对方案。

7-3 影楼形象咨询

岗位三:影楼形象咨询岗位

一、影楼形象咨询岗位的职能定位

美学设计师(影楼形象咨询岗位)在充当求美者与影楼之间沟通的桥梁,负责引导求美者选择最适合其个人风格与需求的摄影产品和服务。这一职位要求美学设计师(影楼形象咨询岗位)不仅具备优秀的沟通技能和美学鉴赏力,还需要对影楼行业的流行趋势和技术有深刻理解。以下是美学设计师(影楼形象咨询岗位)的主要职能定位。

(一) 求美者需求的解读者

美学设计师(影楼形象咨询岗位)首要的角色是准确解读求美者需求,他们通过细致的沟通,洞察求美者的个人风格、拍摄目的和期望效果。这一角色要求美学设计师(影楼形象咨询岗位)具备敏锐的观察力和深入的美学理解,以确保提供的建议和服务能够精确对应求美者的个性化需求。

(二) 个性化方案的提供者

基于求美者的需求,美学设计师(影楼形象咨询岗位)须设计个性化的摄影方案,包括推荐适合的摄影风格、场景布置和造型指导。作为美学设计师(影楼形象咨询岗位),利用其专业知识和创意思维,创造符合求美者期望的独特视觉效果,确保每一个细节都能够凸显求美者的最佳形象。

(三) 美学服务协调者

美学设计师(影楼形象咨询岗位)在美学过程中充当协调者的角色,确保美学服务项目的顺利执行。通过有效的团队协调和资源调配,美学设计师(影楼形象咨询岗位)确保服务流程的高效和顺畅,满足求美者的时间和质量要求。

二、影楼形象咨询岗位的主要职责

美学设计师(影楼形象咨询岗位)在提供专业摄影服务中起着核心作用,负责向求美者提供专业的形象建议和摄影方案。此岗位的专业人员不仅需具备深厚的美学知识,还要能够精确理解和执行求美者的需求,以确保每一次拍摄都能满足求美者的期望。以下是影楼

形象咨询岗位的主要职责:

(一) 求美者需求分析

美学设计师(影楼形象咨询岗位)需要通过详细的沟通,了解求美者的个人风格、拍摄目的以及期望达到的效果。这一过程中,美学设计师需评估求美者的需求并提供专业的意见和建议。

(二) 形象方案设计

基于求美者的需求和背景,设计合适的拍摄风格和形象方案,包括服装选择、妆容设计、发型以及拍摄的场景布置等,确保整体造型与拍摄主题和求美者个性相符。

(三) 项目沟通协调

美学设计师(影楼形象咨询岗位)需要与摄影师、造型师及其他相关人员紧密合作,确保美学设计方案的顺利实施。他们需确保团队成员间的有效沟通,协调资源,以达到最佳服务效果。

(四) 维护求美者关系

美学设计师(影楼形象咨询岗位)负责维护与求美者的长期关系,通过提供持续的服务和支持,建立求美者忠诚度。这可能包括提供后续的拍摄服务、特殊优惠或定期的形象更新咨询。

延展练习

一、任务描述(应对求美者异议与需求变化)

假设在形象咨询过程中,求美者对设计方案提出异议(如不喜欢某个妆容风格、对某款服饰不满意等),如何通过有效沟通和专业的解释调整方案。

练习如何根据求美者的反馈灵活调整设计,同时确保求美者满意度。

二、具体要求

(1) 设计一套求美者服务流程,确保每位求美者都能享受到优质的形象咨询服务。

(2) 包括前期需求调研、设计方案的呈现、实施过程的跟踪与后期反馈,确保全程服务质量的提升。

三、服务细节

(1) 通过与求美者建立情感共鸣,让求美者感受到你的真诚与专业,提升求美者忠诚度。

(2) 如何在服务过程中树立品牌形象,让求美者记住你的专业度与人性化的服务。

(施文文、章益)

参考文献

[1] 方彰林.人体美学[M].北京:北京出版社,2000.
[2] 汪文萍.健康人文:第2版[M].北京:高等教育出版社,2015.
[3] 徐飞,应志国.美容应用解剖学:第2版[M].北京:科学出版社,2019.
[4] 乔梅.美容应用解剖[M].上海:复旦大学出版社,2023.
[5] 刘强,程跃英,熊蕊.美容解剖与生理[M].上海:上海交通大学出版社,2014.
[6] 邱琳枝,彭庆星.医学美学[M].天津:天津科学技术出版社,1988.
[7] 郑振禄,何伦.医学美学概论[M].长沙:湖南科学技术出版社,1997.
[8] 赵永耀,刘志华.医学美学[M].南昌:江西高校出版社,1999.
[9] 彭庆星.医学美学导论[M].北京:人民卫生出版社,2002.
[10] 宗白华.美学散步[M].上海:上海人民出版社,1981.
[11] 朱光潜.文艺心理学[M].上海:华东师范大学出版社,2015.
[12] 周宪.美学是什么[M].北京:北京大学出版社,2015.
[13] 张法.中国美学史:修订本[M].四川:四川人民出版社,2020.
[14] 陈望衡.中国古典美学史[M].武汉:武汉大学出版社,2007.
[15] 蒋孔阳,朱立元.西方美学史[M].北京:北京师范大学出版社,2013.
[16] 段志光.健康人文:基本理念篇[M].北京:人民卫生出版社,2018.
[17] 张大庆.医学人文学导论[M].北京:科学出版社,2024.
[18] 丽塔·卡伦(Rita Charon),等.叙事医学的原则与实践[M].郭莉萍,译.北京:北京大学医学出版社,2021.
[19] 方英敏.什么是身体美学——基于身体美学定义的批判与发展性考察[J].贵州大学学报(社会科学版),2016,34(01):16-25.
[20] 彭庆星,王光护.我国医学美学学科发展述评(Ⅰ)[J].中华医学美学美容杂志,2001(02):31-33.
[21] 张其亮,胡骄平.试论医学美学与美容医学的学科定位[J].中华医学美学美容杂志,2006(02):105-107.
[22] 夏之放.医学美学问题论纲[J].山东医科大学学报(社会科学版),1994,(03):1-10.
[23] 曹晨.国内艺术疗法职业化研究——以康养、康育及医疗领域为例[J].创意设计源,2023(05):33-36.
[24] 周宇.创造性艺术治疗:新时代下人类关系及全球领导力的重塑思考[J].艺术市场,2021(11):56-59.
[25] 龚月圆.艺术心理治疗的作用机制[J].西南大学学报(社会科学版),2011,37(增刊1):

266-267,273.

[26] 刘晨,栾杰,丛中,等.121例整形美容受术者心理状态初步分析[J].中华医学美学美容杂志,2005(03):174-176.

[27] 郑铮,张宁,何伦.躯体变形障碍研究进展[J].中国临床心理学杂志,2006(06):612-613,608.

[28] 高笑,陈红.消极身体意象者的注意偏向研究进展[J].中国临床心理学杂志,2006(03):272-274.

[29] 梁晓燕,郭晓荣,赵桐.短视频使用对女大学生抑郁的影响:自我客体化和身体满意度的链式中介作用[J].心理科学,2020,43(05):1220-1226.

[30] 季婧,李慧,严静.交互式信息传播视角下年轻女性消极身体意象的形成机理[J].南京医科大学学报(社会科学版),2023,23(04):324-333.

[31] 何伦.体象与美容医学的关系[J].实用美容整形外科,1996(05):271-273.

[32] 唐文佩,张大庆.健康人文的兴起及其当代挑战[J].医学与哲学(A),2017,38(06):1-5.

[33] 段志光.大健康人文:医学人文与健康人文的未来[J].医学与哲学(A),2017,38(06):6-9.

[34] 黎晓丹,叶浩生.中国古代儒道思想中的具身认知观[J].心理学报,2015,47(05):702-710.

[35] 周午鹏.技术与身体:对"技术具身"的现象学反思[J].浙江社会科学,2019,(08):98-105,158.

[36] Susan Bordo. Unbearable Weight: Feminism, Western Culture, and the Body [M]. Berkeley: University of California Press, 1993.

[37] Crawford P. Health Humanities [M]. London: Palgrave Macmillan, 2015.

[38] Maurice Merleau-Ponty. Phenomenology of Perception [M]. Translated by Colin Smith. Revised Translation by Donald A. Landes. London: Routledge, 2012.

[39] Rand C S W. Obesity and Psychoanalysis Treatment and Four-year Follow-up [J]. Am J Psychiatry, 1983,140(01):9.

[40] Phillips K A. Body Dysmorphic Disorder: the Distress of Imagined Ugliness [J]. Am J Psychiatry, 1991,148(09):1138.

[41] Phillips K A, McElroy S L, Keck P E, et al. Body Dysmorphic Disorder: 30 Cases of Imagined Ugliness [J]. Am J Psychiatry, 1993,150(02):302.

课程标准

一、课程名称

人体美学分析与设计。

二、课程基本情况(适用专业与面向岗位)

本课程立足于前沿医学美学研究,融汇多学科交叉创新理念,旨在培养学员在医学美容技术、美容美体艺术、人物形象设计及相关美业领域的核心技能与综合素养。课程体系贯通内在气质美与外在形式美,整合心理学、艺术学、美学、医学等多维度知识,不仅适用于医疗美容机构、美容美体机构的专业实践,也为人物形象设计等领域提供专业化培训支持。课程聚焦于提升学员在美学分析与设计实践中的专业能力,强化其在多元职业场景中的应用水平,助力学员在美业领域充分发挥服务价值,实现核心竞争力的持续提升。

三、课程性质

本课程为适应美业领域发展趋势而开设的必修课程,融专业实战与职业素养培养于一体。课程以《人体美学分析与设计》教材为基础,强调理论与实践的深度融合。采用模块化设计,课程结构分为三大模块:内在气质美的建构、外在形式美的表达以及多元职业情境的应用。教学内容涵盖身体意象的自我认知与积极引导,头面部、躯干及四肢的精细美学分析与设计以及典型案例的深入剖析。课程旨在传授人体美学的核心知识与操作技能的同时,更强调以美学促进健康,实现美与健康的和谐统一。

通过本课程的学习,学员将系统掌握人体美学分析与设计的专业知识和技能,培养创新设计思维与精湛的美学操作能力。在实践应用中,学员能够灵活运用所学,显著提升自身的美学设计能力和服务质量,最终成长为引领行业发展的高素质专业人才。

四、课程设计思路

(一)课程总体设计

1. 教学理念与方法

本课程秉持能力本位教育理念,强调学员的主体性与实践能力的深度融合。通过创设多元化的课堂互动与实践活动,激发学员主动学习的内驱力。采用启发式教学策略,依托设疑、析疑、解疑的递进式环节,引导学员深入探索人体美学,锤炼其独立思考与问题解决的素养。课程尤为聚焦"内在气质美的建构"与"外在形式美的表达"两大核心单元,旨在强化学员的心理健康意识,并提升其个性化美学设计的专业水平。

2. 教学内容与结构

课程内容以《人体美学分析与设计》为教材蓝本,采用模块化设计,循序渐进,强调内外皆美。课程体系从身体意象的自我认知与积极引导出发,深入头面部、躯干及四肢的美学分析与设计,并拓展至多元职业情景下的应用,系统性地涵盖理论知识与专业技能。课程着重强化实际应用能力的培养,如美学分析方法与设计工具的熟练运用,旨在确保学生能在实际工作中创造性地解决问题,并激发创新意识。

3. 教学活动的组织

课程强调理论与实践的深度融合,依托综合实训室环境,通过模拟真实工作场景的教学活动,如美学设计师在医美及人物形象设计等岗位的职业应用案例,实现教学内容与职业实训的有效对接。以项目为载体,课程旨在确保学员的理论知识与职业能力培养充分满足美业的专业要求,同时着力提升学员的项目管理与团队协作技能。

(二) 课程思政设计

在理论教学中,注重课程知识点与美育思政案例的有机结合,通过介绍医学美学领域的杰出人物与感人事迹以及艺术创作中触动心灵的典型案例,树立榜样,发挥引领示范作用。旨在培养学生热爱祖国、忠诚敬业、敢于担当、甘于奉献的精神,强化社会主义核心价值观。

在理实一体化教学环节中,课程以主题创意作品为教学资源,搭建思政体验与养成训练平台。围绕"内外兼修,健康为本"的主题,强化健康美育教育。通过身体意象的积极引导、头面部美学分析与设计等项目,将专业知识与核心价值观教育相融合,深化学员对健康美与艺术美的全面理解。

课程组织学员观摩以中华民族文化为题材的艺术作品,通过介绍、致敬、反思和讨论等方式,引导学员深刻感悟艺术中的大爱精神和文化自信。课程强调艺术与医学美容技术、人物形象设计等职业的紧密结合,使学员在实际工作中践行"仁爱健康"的职业精神,进一步提升职业核心素养。

五、课程目标

精准对接行业需求,明晰教学目标与重难点:紧密围绕医学美容技术、美容美体艺术、人物形象设计等行业岗位的最新发展趋势,并参照国家专业教学标准、本专业人才培养方案、课程标准及学员实际情况,系统化地明确课程的教学目标与重难点。

(一) 知识目标

(1) 理解人体美学分析与设计中内在气质美与外在形式美的基本原理,掌握二者的统一性。

(2) 掌握人体美学设计中结构、色彩、风格的诊断与塑造方法及设计流程,涵盖头面部、躯干及四肢的美学分析与设计。

(3) 学习运用创意表现方法进行人体美学设计,包括数字化工具和美学设计测量工具的应用。

(二) 能力目标

(1) 能根据设计构成原理,完成点、线、面基础形态的组合运用,特别是在人体美学分析与设计中的应用。

（2）能够进行全面的诊断与分析，对求美者的外在形态进行健康倾向的塑造，涵盖颈部、乳房、躯干和四肢等部位的美学设计。

（3）能结合形态结构、个性风格，进行创新性设计，特别是在医学美学设计师、服饰搭配师和人物形象设计师的专业实践中。

（三）素质目标

（1）培养学员自主探究、问题分析及解决问题的能力，通过具体的人体美学设计任务实践。

（2）培养学员的团队合作意识和严谨的工作态度，特别是在跨专业团队项目中的协作。

（3）强化学员服务美业、投身美业、建设美业的职业精神，通过理论与实践相结合的教学活动。

（4）通过教学和实践，培养学员在美学设计中融合"内外皆美，健康为本"的职业服务意识，强调"医艺兼修，内外皆美"的新职业精神。

六、参考学时与学分

建议高职 68 学时 4 学分（本科可参照高职的学时与学分设置）；中职 136 学时 8 学分。

七、课程内容与要求

理实一体部分

模块	工作任务	知识目标	能力目标	素质和思政目标	重点难点	学时（高职/中职）
内在气质美的建构	身体意象的自我认知	了解身体意象的概念、熟悉其影响因素并掌握身体意象自我认知的实施途径	培养分析和解释容貌感知现象的能力；提高运用容貌身体意象感知理论解决实际问题的能力；增强批判性思维和创新思维能力	塑造气质美的价值观，树立人文关怀的社会责任感	★重点：能够准确阐述身体意象的含义，包括其涵盖的身体形态、外观、功能等方面，以及与自我认知的关系；☆难点：突破对社会文化规训的隐性内化；引导在商业价值与人文关怀间建立伦理平衡点	4/8
	消极身体意象的识别	了解消极身体意象的概念，熟悉其特征、类型及成因，掌握识别消极身体意象的方法	能够运用消极身体意象识别的方法论，有效提升对求美者心理需求的洞察力与身体意象改善的支持能力	关注消极身体意象对个体自信与心理健康的影响，倡导健康的自我认知，推动心理美与身体美的和谐发展	★重点：消极身体意象的核心概念及典型特征；识别判断自己或他人是否存在消极身体意象；☆难点：引导学员质疑主流审美标准合理性，创新构思身体美学新观念，打破固有思维模式，有一定难度	4/8
	正向身体意象的培养	了解正向身体意象的概念，熟悉其积极因素并掌握培养	掌握培养正向身体意象的策略，增强支持求美者改善身体意象的能力，并为后	培养多元化的审美意识，树立积极向上的体象美学理念，推动气质美	★重点：正向身体意象的定义，及其包含的接纳身体、欣赏身体功能、积极自我认知等积极因素；	4/8

(续表)

模块	工作任务	知识目标	能力目标	素质和思政目标	重点难点	学时(高职/中职)
		正向身体意象的途径	续提供符合气质美标准的服务方案奠定基础	的价值观塑造	☆难点:依据不同求美者个性、身体状况、审美观念等,制定个性化正向身体意象培养策略	
	个性、整体形象风格系统评估与定位	理解个性形象风格的基本概念,熟悉其形成的影响因素,并掌握相应的评估方法;理解整体风格系统的基本概念,掌握其决定因素及构成要素	培养使用科学评估工具进行个性形象风格分析的能力,确保评估过程的准确性与专业性;培养运用整体风格系统定位方法进行风格定位的能力,确保设计过程系统性与协调性	遵循以人为本的服务理念,确保评估过程中充分考虑社会文化背景和个体需求;尊重个体独特性的核心价值观,在整体风格系统定位过程中倡导平等,在美学设计中获得自我价值认同感	★重点:精准分析个性形象风格;把握整体风格系统定位方法,确保设计系统性协调性;☆难点:运用整体风格系统定位方法时,充分考虑社会文化背景和个体需求,平衡多元因素,设计出契合求美者的形象方案,既要彰显个体独特性,又要符合社会审美文化	8/16
	人体美学与影响因素分析	了解人体美学的基本理论,熟悉生理因素、心理因素和社会文化背景等对人体美学的影响	提升对人体美的批判性和审美思辨能力,能够评估不同因素对人体美学设计的影响	理解人体美学与社会文化、时代价值的关系,将社会主义核心价值观融入设计实践	★重点:掌握人体美学的基本概念;理解生理、心理、社会文化因素对人体美学的影响;☆难点:如何将生理、心理和社会文化等多重因素进行综合分析;如何理解人体美学与社会文化、时代价值的关系	4/8
外在形式美的表达	人体美学与设计法则应用	了解人体美学与设计的基本概念,熟悉视觉心理学,掌握设计基本法则及应用场景	能够熟练运用设计法则进行人体美学分析与设计	尊重设计法则和规律,树立严谨的科学态度,培养解决问题的创新意识	★重点:掌握人体美学与设计的基本概念;熟悉视觉心理学,理解设计基本法则;☆难点:如何在不同场景下灵活运用设计法则;如何将设计法则与人体美学分析相结合	4/8
	人体美学与设计工具使用	掌握美学设计工具的类型及其适用范围,了解每种美学设计工具的使用方法及注意事项	学习规范有效地使用测量工具,确保测量过程的准确性和安全性	培养精确测量和数据记录的习惯,采取实事求是的态度	★重点:掌握美学设计工具的类型及适用范围;熟练使用测量工具,确保测量过程的准确性和安全性;☆难点:如何培养精确测量和数据记录的习惯;如何在实际操作中保证数据的准确性和可靠性	4/8

(续表)

模块	工作任务	知识目标	能力目标	素质和思政目标	重点难点	学时(高职/中职)
	头面部美学分析与设计	掌握头面部(面部轮廓、眼部、鼻部、唇部)美学的基本理论与知识;熟悉美容咨询岗位所需的相关专业知识和技能	培养专业分析和设计头面部(面部轮廓、眼部、鼻部、唇部)美学问题的能力;掌握头面部(面部轮廓、眼部、鼻部、唇部)美学设计工具的使用方法;建立标准化服务流程和操作规范	树立严谨、科学的职业态度;遵循行业标准和规范;培养以人为本的服务理念,尊重个体独特性的核心价值观	★重点:掌握头面部各部位(面部轮廓、眼部、鼻部、唇部)的解剖学知识与美学标准;熟练运用各种评估方法和工具,准确评估头面部美学问题;☆难点:如何根据求美者的个体差异和审美需求,制定个性化的设计方案;如何在设计中平衡科学性和审美性	16/32
	躯干及四肢美学分析与设计	掌握颈部、乳房、躯干及四肢的美学基本概念;熟悉相关评估维度、影响因素及设计原理;了解美学评估方法与个性化设计策略	掌握颈部、乳房、躯干及四肢的美学评估方法与设计策略;能够进行结构分析和优化方案制定;能够在实践中灵活运用所学知识,为求美者提供个性化美学解决方案	培养设计师的审美、责任与关怀;树立科学严谨的职业态度。尊重人体自然规律与个体差异;以求真务实的态度,遵循规范,推动科学美学发展	★重点:掌握颈部、乳房、躯干及四肢的解剖学知识与美学标准;熟练运用科学的美学评估方法;☆难点:如何根据求美者的个体差异和审美需求,制定个性化的设计方案;如何将科学与审美相结合	16/32
多元职业情境的应用	医美岗位相关岗位的应用	了解美学设计师在现场咨询师岗位、医生助理岗位以及新媒体咨询岗位的应用要求	具备运用人体美学分析与设计的能力,提升求美者满意度和医学美学设计服务质量	树立正确的价值观和职业道德,积极传递健康、美丽与自信的价值观念	★重点:掌握美学设计师在多元职业情境下的应用要求,包括现场咨询、医生助理和新媒体咨询;运用人体美学分析与设计能力,提升求美者满意度和医学美学服务质量;☆难点:如何在多元职业情境下灵活运用美学知识和技能;如何在咨询过程中传递健康、美丽与自信的价值观念	2/4
	人物形象设计相关岗位的应用	了解美学设计师在影楼化妆造型岗位、婚纱影楼服饰搭配岗位以及影楼形象咨询岗位的应用要求	具备运用人体美学分析与设计的能力,提升求美者满意度和人物形象设计服务质量	培养在服务中秉承工匠精神,追求精益求精的专业态度,增强责任意识与服务意识	★重点:掌握美学设计师在影楼化妆造型、婚纱影楼服饰搭配、影楼形象咨询等岗位的应用知识;能够运用人体美学分析与设计能力,提升服务质量与求美者满意度;☆难点:如何在不同岗位中灵活应用人体美学分析与设计能力;如何将工匠精神融入服务,实现精益求精	2/4

八、资源开发与使用

（一）教材编写与使用

本教材以《人体美学分析与设计》为蓝本，紧密对接医学美容技术、美容美体艺术、人物形象设计等领域的职业技术发展与岗位能力需求。教材重点聚焦美学设计师、人物形象设计师等岗位的典型工作任务，内容涵盖从内在气质美的建构到外在形式美的表达，并系统阐述其在多元职业情境下的应用。

教材内容深度融入课程思政元素，如气质美意识与职业操作规范，彰显"技术核心、能力本位"的教育理念。教材遵循以身体意象的自我认知与积极引导、头面部及身体各部位的美学分析与设计为主线，实现教学内容与工作实践的无缝衔接。教材形式上，将理论知识、实际操作案例、情景模拟、美学效果对比等内容有机结合，辅以丰富的配图与视频，以适应职业教育的多元化教学需求。

（二）数字化资源开发与利用

开发丰富的数字化教学资源，包括案例分析、图片、视频以及人体美学相关的教学课件和微课。这些资源旨在强化理论知识与实践技能的结合，提高学习的互动性和实用性。

利用校企共同开发的学习软件，使学员能够通过扫描教材中的二维码，在移动端进行在线学习、答疑及技能评估。这种方法增强了学员的学习灵活性，支持他们的自主学习和持续教育。

（三）企业岗位培养资源的开发与利用

针对人体美学分析与设计，教材将集成作品的前后效果对比（图像、视频）、求美者评价与反馈、美学设计服务流程的跟进以及个性化美学需求的处理等实际案例。这些内容将被详细编纂成教学案例，以便在教学中直观展示人体美学分析与设计的理论知识与实践应用的结合，增强学员对专业技能的理解和掌握。

（四）网络资源

（1）开发多媒体教学课件，让学员直观感受各种设计案例和实物展示，激发学习兴趣。通过观看教学录像或视频，拓宽视野，有助于学员对整个课程有更加全面和系统的了解。

（2）将学员的设计作品进行整理、分类，并以照片、文字记录或视频的方式保存，不断完善和丰富设计作品资源库。

（3）建立学员设计作品展示平台，方便学员展示学习成果，促进相互学习和交流。

（4）组织学员参观设计作品展览和形象设计比赛，让学员了解新时期的美学设计发展动态，增强审美能力和专业认知。

九、教学建议

（一）教学方法

知识教学：课程内容重点覆盖人体美学的基本原理，包括内在气质美与外在形式美的统一，结构、色彩和风格的分析与塑造。按照教材的模块设计，深入探讨身体意象的自我认知，头面部、躯干及四肢的美学分析与设计。通过启发式教学和案例分析，引导学员掌握从理论

到实践的全过程。

实践教学：结合理论教学，实行课堂演示与学员自主操作相结合的模式。利用最新的数字化工具和技术，如三维形态分析仪和美学设计软件，增强学员对人体美学设计的实际操作能力和理解。

（二）教学场域

项目教学：本课程实施以人体美学设计项目为核心的"任务驱动式教学"，并融入人工智能、高级图像处理软件等行业前沿技术，进行实时分析与设计，确保学员在实际项目中有效应用所学知识。

活力课堂：通过实时项目操作与数字化资源支持，构建互动性强、沉浸感佳的学习环境，鼓励学员在真实设计场景中实践理论与技术。

（1）任务驱动式教学：采用以工作过程为导向的项目教学模式，以工作任务为驱动，激发学员学习兴趣与成就动机。教学过程中，注重引入本专业领域的新技术、新思路及新趋势，拓展学员职业发展空间，着力培养其实践能力、职业能力与创新精神，提升职业素养，恪守职业道德。

（2）项目教学：推行"学校-企业教学双课堂"教学模式，在资源共享基础上合理利用教学资源，构建学校-企业双课堂，使学员在学习知识的同时，及时了解并交流行业最新流行趋势，拓宽学习视野。教学过程中，以发型设计项目为载体，通过教师示范指导与学员动手操作相结合的方式，强调师生互动，实现教学相长。

（3）活力课堂：通过构建多元化的活力课堂教学场景与场所，进行真实项目实践练习，促使学员在实践中巩固理论知识，并有助于其查漏补缺，提升心理素质，锻炼发现问题、解决问题的应变能力。

（三）师资队伍

本课程的师资队伍由一批在人体美学、解剖学、艺术设计等领域具有深厚理论知识和丰富实践经验的专家组成。他们不仅拥有多年的教学经验，能够将复杂的理论知识生动地传授给学生，还具备指导学生进行实践项目的能力。此外，师资队伍积极参与相关领域的研究工作，紧跟学术前沿，确保课程内容的时效性和前瞻性。团队成员之间保持紧密的协作，共同致力于课程的持续优化和创新。

（四）实践教学

校内实训设施：本课程配备先进的三维形态分析仪、人台、设计桌椅等专业设备，以支持综合实训室的多功能教学。实训资源充足，充分满足学员的实践需求。

实训安排：课程设置充足的校内实训课时，通过分组协作的方式，引导学员在实际操作中深化理论知识的应用。为确保学员在校内充分练习，本课程暂不安排校外实训。

（五）其他说明

充分利用现场教学、实验实训、综合训练等功能，本着专业特点的原则，实现教学与实验相结合，教、学、研一体化。进一步加强课程网络教学资源库建设，满足专业教学、专业考证的需要，实现师生网上互动和多媒体资源的共享，提高课程资源利用效率，充分发挥辐射和示范作用。

十、教学评价

本课程的评价体系以实际操作能力为核心,重点考核学员的职业实操技能,并注重评价的多元化。考核方式包括课堂提问、学员作业、实验实训表现等,综合评定学员各项成绩。考核重点在于学员的动手能力以及在实践中分析和解决问题的能力。对于在学习和应用上具有创新性的学员,将予以特别鼓励。

(曹晨、杨加峰、章益)

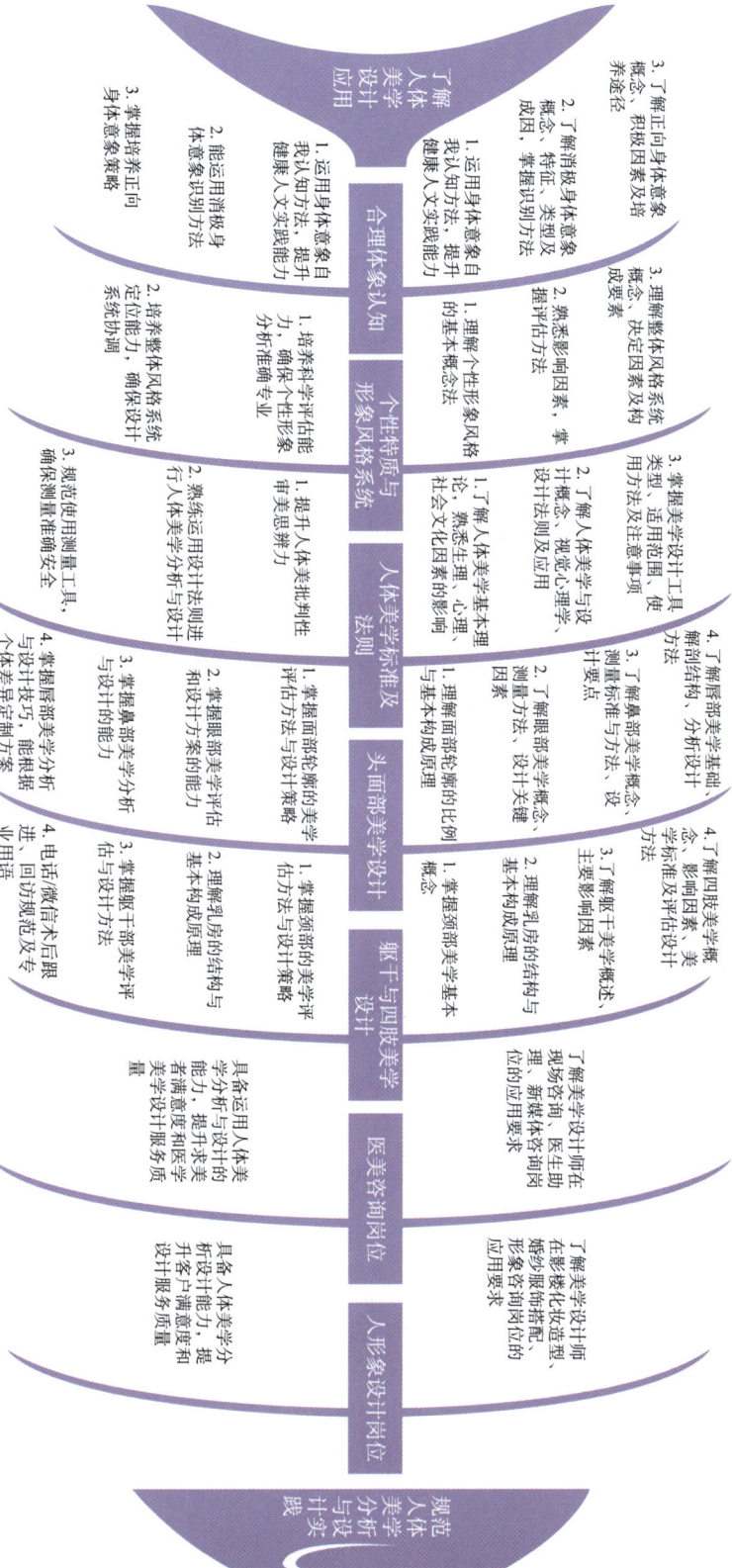

图附录-1 课程主要内容与要求结构图

图书在版编目(CIP)数据

人体美学分析与设计/曹晨,鲍海萍主编. -- 上海：复旦大学出版社,2025.7. -- ISBN 978-7-309-18087-9
Ⅰ. B834.3
中国国家版本馆 CIP 数据核字第 20257BA735 号

人体美学分析与设计
曹　晨　鲍海萍　主编
责任编辑/高　辉

复旦大学出版社有限公司出版发行
上海市国权路 579 号　邮编：200433
网址：fupnet@fudanpress.com　http://www.fudanpress.com
门市零售：86-21-65102580　团体订购：86-21-65104505
出版部电话：86-21-65642845
上海四维数字图文有限公司

开本 787 毫米×1092 毫米　1/16　印张 14.75　字数 359 千字
2025 年 7 月第 1 版第 1 次印刷

ISBN 978-7-309-18087-9/R·2195
定价：59.00 元

如有印装质量问题,请向复旦大学出版社有限公司出版部调换。
版权所有　　侵权必究

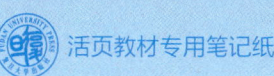 活页教材专用笔记纸

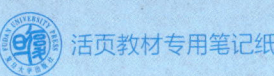

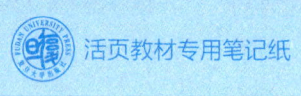

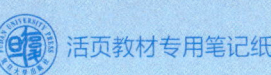

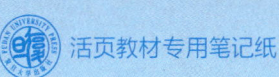